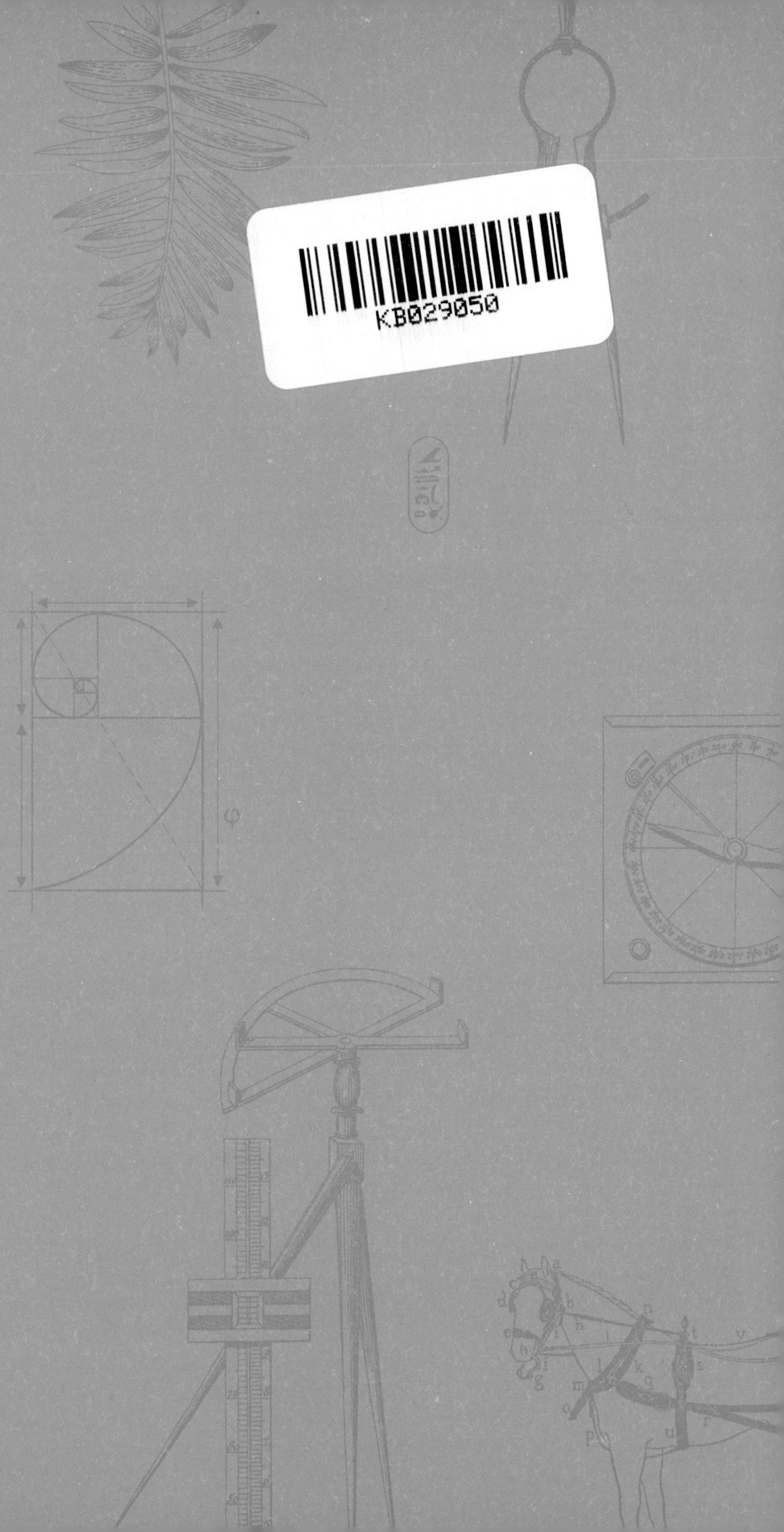

A
a
b
B
O
Q
P

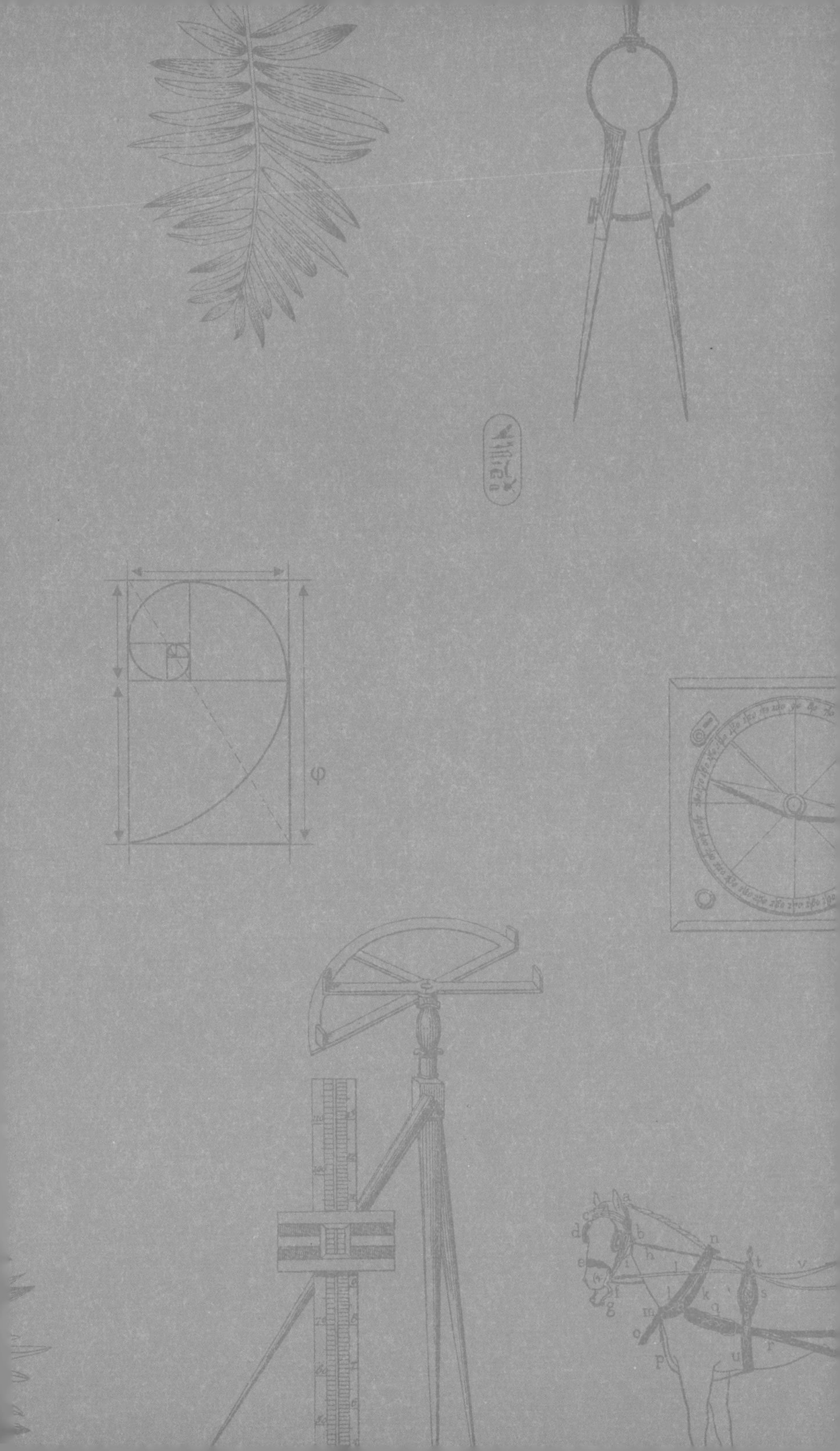

세상에서 가장 재미있는

물리 이야기

출판은 사람과 나무 사이에서 이루어지는 가치 있는 일입니다.
도서출판 사람과나무사이는 의미 있고 울림 있는 책으로 독자의 삶을
좀 더 풍요롭게 만들기 위해 최선을 다하겠습니다.

물리학자의 눈으로 바라보면 보이지 않던 것들이 보이기 시작한다

세상에서 가장 재미있는

물리 이야기

하시모토 고지 지음 | 서수지 옮김 | 김석현 감수

사람과
나무사이

세상에서 가장 재미있는 물리 이야기

1판 1쇄 발행 2022년 10월 25일

지은이 하시모토 고지
옮긴이 서수지
펴낸이 이재두
펴낸곳 사람과나무사이
등록번호 2014년 9월 23일(제2014-000177호)
주소 경기도 고양시 일산서구 강선로 142, 1701동 302호
전화 (031)815-7176 **팩스** (031)601-6181
이메일 saram_namu@naver.com
디자인 박대성
인쇄·제작 도담프린팅
종이 아이피피(IPP)

ISBN 979-11-88635-70-2 03420

물리학의 연구 대상은 광활한 우주부터

현미경으로 들여다보아야 겨우 보일까 말까 한 소립자까지,

상상을 초월하는 세계다.

물리학자는 이렇게 세상과 동떨어진 대상을

매일, 그것도 아침부터 밤까지 생각하느라

일반인과는 다른 사고법에 통달했다.

이 책에서는 이러한 사고법을

'물리학적 사고법'이라 부르기로 한다.

감수자의 말

물리학자의 머릿속으로 떠나는 여행

2022년 7월 13일, 하늘에서 억수같이 비가 쏟아지던 여름날 아침이었다. 평소와 다를 것 없는 출근길이었으나 왠지 특별한 날처럼 생각되었다. 왜였을까? 전날 밤 들은 놀라운 소식 때문이었으리라. 바로 NASA의 차세대 우주망원경 제임스웹이 새로운 사진들을 찍어 보냈다는 소식이었다. 그러나 내가 놀란 진짜 이유는 아름다운 천체 사진 때문이 아니었다. 그보다는 제임스웹의 거대한 반사경이 지구에서 1,150광년 떨어진 WASP-96b 외계 행성의 대기에서 수증기, 즉 물을 검출해냈다는 사실 때문이었다. '뭐야? 그럼 외계 행성의 공기도 우리 지구와 별반 다를 바 없이 습기로 인해 텁텁하다는 거잖아?' 이

때부터 퍼붓는 비를 올려다보며 물리학자의 머릿속에서는 상상력의 톱니바퀴가 돌아간다.

오늘 아침 이 시간, 지구 위의 어느 곳이 그렇듯 어쩌면 우주의 저 먼 행성들 가운데도 비가 억수같이 퍼붓고 있는 장소가 있을지 모르겠다. 그곳에 나와 크게 다르지 않은 외계인이 옹기종기 모여 산다고 가정해보자. 어쩌면 그들은 눈을 세 개쯤 갖고 있을 수도 있겠다. 그들 역시 우리 지구인과 다를 바 없이 아침마다 회사에 지각할까 봐 발을 동동 구르고 연착하는 버스나 전철을 기다리며 짜증스러워한다. 그러면서도 친구들과 약속한 멋진 휴가 여행 계획을 떠올리며 출근길에 오른다.

'아니 잠깐, 외계 생물이 반드시 문명을 발전시켰으리라는 법은 없지 않나?' 어쩌면 공룡 비슷한 덩치 큰 고대 생물들이 오랜만에 내리는 단비로 목을 축이고 있을지 모르겠다. 아직 생명체가 존재하지 않는 행성이라면 그곳에는 언젠가 찾아올 생명을 10개월이 아니라 10억 년 넘게 잉태하고 있는 바다와 육지가 있을지도 모르겠다. 한때 지구에서 그랬듯, 그 행성의 바다와 육지가 퍼붓는 소나기를 묵묵히 맞으며 말이다.

이런 생각만으로 그친다면 공상과학 소설가와 다를 게 뭔가? 명색이 물리학자인데, 치밀한 이론적 근거를 찾아야 한다. 지하철 안에서 서둘러 스마트폰을 꺼내들고 NASA 홈페이지에 접속한 뒤 대중에게 들려줄 적절한 비유를 생각해낸다.

인류는 어떻게 외계 행성의 물을 찾아냈을까? 우주망원경을 이용한 분광분석법이라는 실험을 통해서다. 독자의 이해를 돕기 위해 좀 더 자세히 설명하자면 이렇다. 성당의 스테인드글라스를 이루는 빨갛고 파란 색유리가 같은 햇빛을 받아도 제각각 다른 색깔을 띠는 이유는 뭘까? 그것은 바로 각자 독특한 파장의 빛을 흡수하고 투과시키기 때문이다. 사람의 눈에는 무색투명하게 보이는 수증기도 적외선의 빛 영역에서는 특정한 파장의 빛을 흡수하거나 투과시킨다. 이것은 마치 범인이 사건 현장에 흘린 DNA처럼 그곳에 다른 어떤 화학 성분도 아닌 '물'이 있다고 판단할 수 있는 근거가 된다.

행성은 스스로 빛을 발하지 못한다. WASP-96b 행성이 모항성 별(외계 태양)을 공전하다가 모항성 앞을 가리는 순간을 NASA의 천문학자들이 포착한 것은 바로 이 점에 착안한 성과였다. 창밖에 해가 떠오르자 스테인드글라스의 영롱한 빛깔이 드러나 순간적으로 미세하게 변한 모항성의 별빛을 제임스웹의 강력한 분광기는 놓치지 않았다. 녀석은 용하게도 1~2마이크로미터 파장 영역대에서 솟아오른 분광그래프로 물, 즉 H_2O의 흔적을 포착해냈다. 보통의 은색 거울은 적외선을 흡수하는데, 제임스웹은 이 작업을 위해 자동차 두 대를 주차할 만한 넓이의 주

반사경을 적외선 반사 성능이 탁월한 순금으로 코팅했다. 제임스웹 망원경이 노랗게 보이는 것은 바로 황금의 빛 때문이다.

어찌 되었든 우리는 한 가지 사실을 분명하게 말할 수 있게 되었다. 우리는 이 사막과도 같은 우주의 한가운데에서 그토록 고대해온 '오아시스'를 찾아냈다는 것을. 그것은 어떤 아름다운 천체 사진보다 우리를 놀라게 한다.

이 책의 감수 요청을 받고 출판되기 전의 원고를 읽었다. 원고를 정독한 뒤 놀라지 않을 수 없었다. 학계로 진출한 지 얼마 되지 않는 신출내기 물리학자로 살면서 다양한 국적의 많은 물리학자를 만날 때마다 느끼게 되는 심리 구조가 이 책에 오롯이 담겨 있다는 느낌을 받았기 때문이다. 나는 많은 독자가 이 책에서 흥미진진한 이야깃거리와 삶에 대한 통찰을 발견했으면 한다.

물리학자는 어떤 존재일까? 그들도 똑같은 인간일 뿐 보통 사람과 동떨어져 있는 외계인 같은 존재는 아니다. 올해 여름, 부산 해운대에서 열린 물리학 학회에 참석한 적이 있다. 수십 명의 물리학자가 각자 열정을 쏟아부은 연구 결과를 발표하고 열띤 토론을 벌이는 동안 학회는 열기로 후끈 달아올랐다. 그 직후 한 맥주 회사의 후원으로 회의장 구석에 생맥주 기계가 설치되었다. 다들 오아시스를 만난 나그네처럼 기계 앞으로 몰려

들었다.

학회 현수막에는 '○○○ 심포지엄'이라는 글귀가 새겨져 있었다. 그것을 보는 순간, 또다시 내 머릿속에서는 상상력이 발휘된다. 심포지엄은 '향연(饗宴)'이라는 의미로, 고대 그리스에서 성행한 '주연을 곁들인 철학 토론 모임'을 지칭한다. 이는 여담이지만, '향연'은 고대 그리스 철학자 플라톤의 책 제목이기도 하다. 그리스어 심포시온(Symposion)은 '함께 마시다'라는 약간 노골적인 의미를 갖는다. 그래서였을까. 저마다 몇 잔씩 맥주를 들이켜며 술 때문인지 학구열 때문인지 모르게 불콰해진 얼굴로 학회의 밤을 보냈다. 그러고 보면 물리학자들은 '술 마시며 토론하는' 전통을 가장 충실히 따르는 고대 그리스 철학자의 후예가 아닌가!

이 책을 읽게 될 당신에게 '축하한다'라는 말을 미리 전하고 싶다. 이 책을 읽음으로써 당신은 '물리학자의 머릿속'을 여행하게 될 테니까. 그게 무슨 축하받을 일이냐고? 이 책을 읽고 난 당신은 '물리학자의 눈'으로 세상을 보게 될 것이고, '물리학자의 귀'로 세상이 만들어내는 소리를 듣게 될 것이다. 그리고 당신은 '물리학자의 머리'로 사물과 현상을 궁리하고 사고하게 될 것이다. 이 책을 읽고 난 뒤 세상은 이전과는 전혀 다르게 당신에게 다가올 것이다. 그게 바로 축하받을 이유다!

독특한 사고 체계를 가진 물리학자도 우리의 친근한 이웃이다. 그렇기는 해도 일반인이 물리학자와 가까이 지내며 교류하기는 쉽지 않다. 그러므로 저자의 바람대로, 이 책이 대중과 물리학자가 제대로 소통하도록 돕는 계기가 되어주기를 바란다.

2022년 어느 여름밤

실험 계획 노트를 책상 위에 펴두고

김석현(경희대학교 학술연구교수)

저자 서문

소립자 세계에서 일상의 세계까지, 종횡무진 넘나드는 궁극의 '물리학적 사고법'

세상에는 물리학자라 불리는 인종이 있는데, 그들의 생태는 잘 알려져 있지 않다. 주변 지인 중에 물리학자를 둔 사람이 과연 얼마나 될까? 아마 대답은 '거의 없다'일 확률이 높다. 그래서인지 요지경처럼 복잡하면서도 재미난 물리학자의 머릿속이 어떻게 돌아가는지, 그들의 사고법은 무엇인지 세간에 잘 알려지지 않은 듯하다.

이 책은 물리학자의 한 사람인 내가 이 궁극의 사고법인 '물리학적 사고법'을 널리 소개하기 위해 썼다.

물리학은 이과 계통에서 궁극의 이론으로 통하는 학문이다. 연구 대상은 광활한 우주부터 현미경으로 들여다보아야 겨우 보일까 말까 한 소립자까지, 상상을 초월하는 세계다. 물리학자는 이렇게 세상과 동떨어진 대상을 매일, 그것도 아침부터 밤까지 생각하느라 일반인과는 다른 사고법에 통달했다. 이 책에서는 이러한 사고법을 '물리학적 사고법'이라 부르기로 한다.

물리학적 사고법은 매사를 추상화하고 기이한 현상이 발생하는 이유를 이론적으로 고찰하는 데서부터 시작한다. 이어서 직접 가설을 세우고 그 가설을 검증하기 위한 실험과 관측에 나선다. 자신의 가설이 검증되면 물리학자는 만족감을 느끼고 새로운 현상을 예언한다. 이러한 일련의 물리학적 사고법이 물리학자 사이에서 전승되고 있다.

여러분 주위에 물리학자가 보이지 않는 건 물리학자가 사회와 접점이 적기 때문이다. 1밀리미터의 10^{-12}의 세계인 소립자 연구와 정치나 경제, 육아나 교육 등 일상 세계의 문제는 직접적인 관련이 없다. 우주와 소립자 같은 궁극적 대상을 연구하는 물리학자가 사회와 동떨어진 생활을 한다는 사실은 알고 보면 충분히 이해할 만하다.

그러나 물리학자는 일본만 해도 현재 만 명 넘게 존재한다. 매년 열리는 일본 물리학회 연차대회에 수천 명이 모여 연구 성과를 다투고, 학회장에서는 물리학적 사고법의 집대성을 방불케 하는 격론이 벌어진다. 여러분이 사는 동네에도 물리학적 사고법의 달인이 숨어 있을지도 모른다.

이 책은 교과서가 아니다. 병에 걸렸을 때 먼저 의학 교과서를 펼쳐보는 사람은 없다. 병원에 가서 진료부터 받고 처방전에 따라 지어진 약을 꼬박꼬박 챙겨 먹어야 병이 낫는다. 그와 마찬가지로 이 책은 서서히 약효가 듣는 약과 같은 책이다. 따라서 물리학적 사고법을 체계적으로 배우는 교재가 아니다. 이 책에는 물리학자이자 한 개인인 내가 갈고닦은 물리학적 사고법을 일상에서 일어나는 다양한 현상에 적용했던 경험이 수필 형식으로 정리되어 있다. 각각의 짤막한 수필을 규칙적으로 약을 챙겨 먹듯 한 편 한 편 읽다 보면 물리학적 사고법이 무엇인지, 그리고 어디에 어떻게 적용할 수 있을지를 깨닫게 될 것이다.

여러분 주위에는 이런저런 문제가 매일같이 일어나고 있다. 온갖 문제들을 해결하기 위해 골머리를 앓고 있을 수도 있다. 물리학은 어떤 현상이 발생하는 원인을 찾아내 문제가 일어나는 원리를 물리적으로 고찰하고, 문제가 없는 시스템을 고안하는 학문이다. 그러므로 물리학에서 일반적으로 활용하는 물리학적 사고법이 여러분에게 도움이 될 수 있다.

지금은 발상의 전환이 필요한 시대다. 물리학적 사고법에서는 현상을 완전히 다른 관점에서 바라보는 과정을 거친다. 이 책에서 다루는 '다른 차원의 관점'이 가져오는 발상의 전환은 여러분의 인생을 풍요롭게 만들어주리라 믿는다.

자녀교육에 관심이 있는 사람이라면 자녀의 과학적 논리력과 이과 계통의 사고력을 강화하고, 나아가 빅데이터 시대를 살아갈 힘을 길러주고 싶으리라. 특히 이과 계통의 직업이 각광받는 요즘에는 과학자가 장래 희망인 초등학생도 많다.

이 책에서는 내가 어떻게 과학자가 되었는지, 어떻게 물리학적 사고법을 길렀는지 밝혔다. 뿐만 아니라 나의 경험이 반면교사가 되기를 바라는 마음에서 내가 경험한 수많은 실패와 실수를 적나라하게 공개했다. 물리학은 99퍼센트의 실패와 1퍼센트의 성공으로 이루어진 학문이기에 조금도 실패를 두려워할 필요가 없다.

『세상에서 가장 재미있는 물리 이야기』는 앞으로 물리학 연구의 기본이 될 물리학적 사고법을 주변 현상에 적용해 검증하고 터득한 내용을 읽기 쉽게 정리한 책이다. 이 책을 더욱 즐겁게 읽기 위해 다음에 이어지는 '이 책을 읽기 전에'를 찬찬히 살펴보고 용법과 용량을 지켜 올바르게 사용하길 당부한다.

사용시 주의할 점

1. 다음 사람은 사용 전에 서점에서 상담부터 받기를 권한다.
   ① 물리학에 알레르기 증상(발진 등)이 있는 사람.
   ② 이미 물리학자인 사람.
2. 사용 중, 다음 증상이 나타나면 부작용의 가능성이 있으므로 즉시 사용을 중지한다.
   ① 고의로 이과 계통의 전문용어를 남발해 주위에서 기피 인물로 여겨지는 경우.
   ② 사용 전보다 이과 혐오 증상이 더 진행된 경우.

효능

- 이과 계통의 사고력과 논리력 강화, 이과 계통의 교육 및 학습,
- 이과 계열 언어 습득, 논리적 독해능력 향상

용법 · 용량

1일 1회, 적정 분량을 읽으시오(다만, 소아의 경우에는 보호자의 지도 감독하에 읽힐 것). 이 책을 읽기에 적절한 나이는 생후 144개월(12세) 이상이다(이 책은 내복 용이 아니니 먹지 말 것).

성분과 작용

유효 성분(1쪽 분량)

- 이과 계통 용어(약 1개 단어) ▶▶▶ 이과 계통 용어를 습득한다.
- 이과적 전개(약 1문단) ▶▶▶ 논리력을 강화한다.
- 물리학자가 된 기분(약 1문단) ▶▶▶ 물리학자의 머릿속에 들어갈 수 있다.

* 기타, 첨가물로 물리학 전문용어를 해설한 칼럼이 첨부되어 있다.

보관 및 취급상의 주의

① 책을 복용한다고 해서 물리학자를 백 퍼센트 제조할 수 있다고 보증할 수 없다.

② 이 책은 복용 상의 편의를 위해 수필 형태로 제작되었다. 따라서 내용과 효능에 관해 다른 물리학자가 이 책에 동의하지 않을 수 있다. 한 물리학자인 저자 개인의 감정이 반영되어 있음을 이해하고 복용해야 한다. 개봉 후에는 최대한 빨리 복용할 것을 권장한다.

③ 어린이의 손이 닿는 곳에 보관하는 것이 좋다.

차례

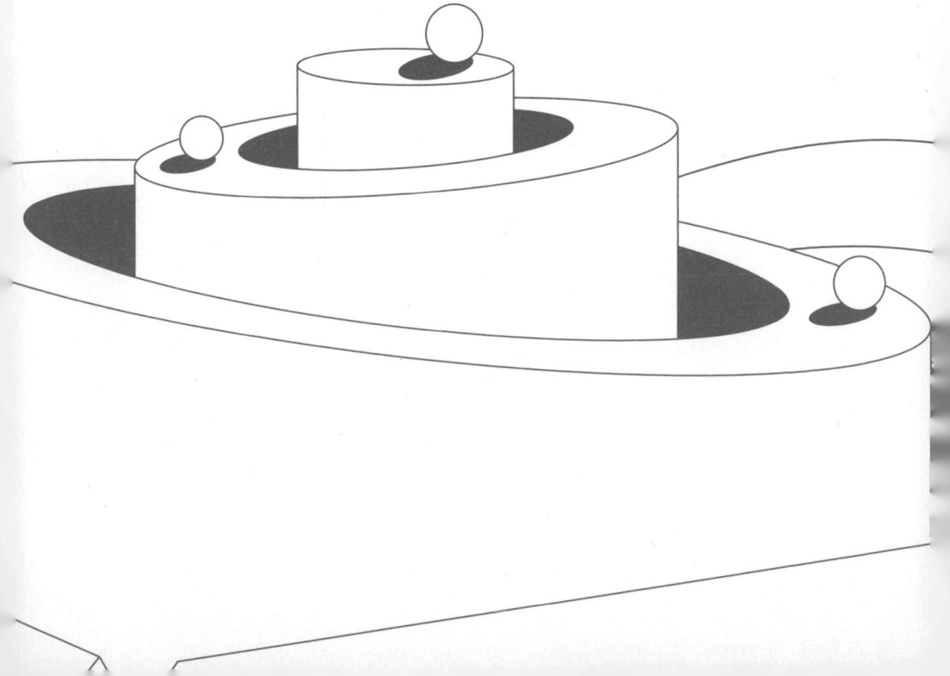

제1장

카오스를 즐기는 물리학자의 인생

제2장

나를 물리학자로 만들어준 것들

제3장

물리학자의 기상천외한 생태 엿보기

제1장

카오스를 즐기는 물리학자의 인생

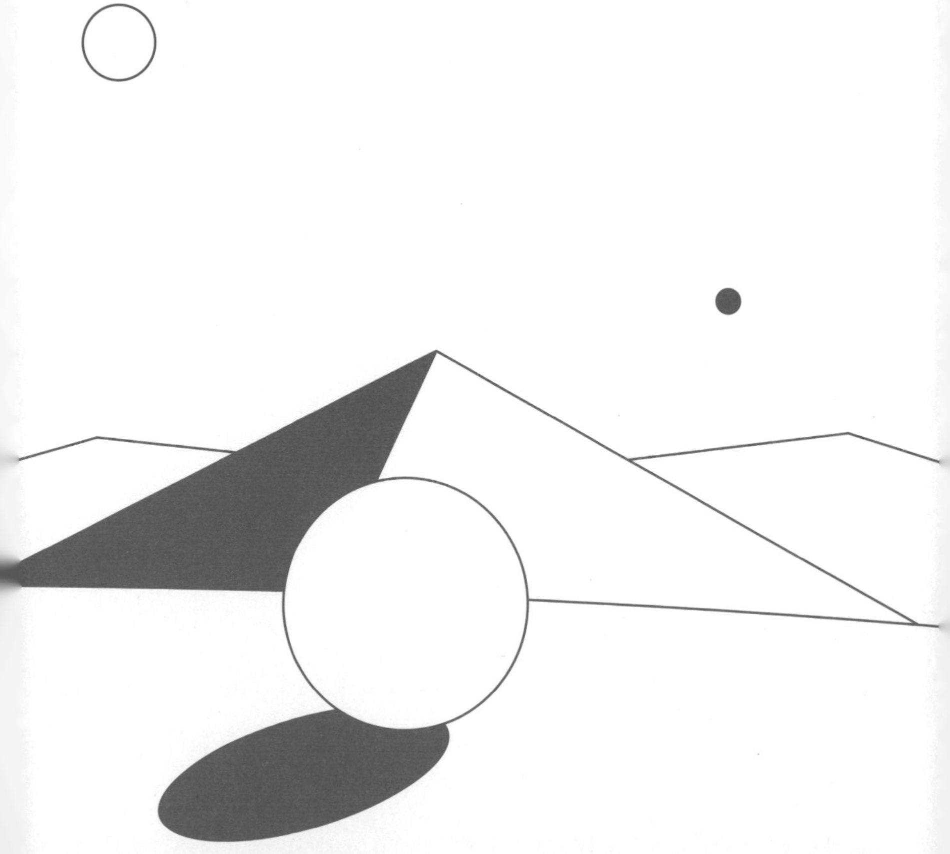

··•· 에스컬레이터 '병목 구간' 해결에 필요한 학문은?

여러분은 에스컬레이터를 탈 때 디딤판 오른쪽에 서는가, 아니면 왼쪽에 서는가? 또 디딤판에 서 있는 편인가, 아니면 걸어 올라가는 편인가?

애초에 에스컬레이터 디담판 한쪽에만 서고 다른 한쪽은 걸어서 오르내리는 사람을 위해 비워둔다는 암묵적 규칙 자체가 문제라는 주장도 있다. 충분히 일리있는 말이다. 움직이는 에스컬레이터에서 걷는 행위가 매우 위험하기도 하고, 지하철역처럼 붐비는 곳에서는 많은 사람이 에스컬레이터에 타려고 몰려드는데 죄다 한쪽에만 서느라 에스컬레이터 진입로가 북새통을 이루기 때문이다.

도시에 사는 사람이라면 이런 광경을 매일같이 보게 된다. 에스컬레이터를 타고 내리는 곳은 병목 구간이다. 사실 출퇴근 시간처럼 복잡할 때는 한쪽에만 서기를 고집하기보다 양쪽에 서는 것이 이용객 수를 늘릴 수 있다는 영국의 실험 결과도 이미 알려져 있다.

그렇다면 아예 에스컬레이터에서 걷지 못하도록 규칙을 바꾸면 어떨까? 이 문제는 이미 사회에 정착된 습관을 바꾸는 일이라 해법을 찾는 게 쉽지 않다. 그렇다면 획기적인 '디자인' 변경으로 해결책을 끌어내는 수밖에 달리 방법이 없다. 그렇게 생각하는 건 내가 과학자이기 때문일 수도 있겠지만 말이다.

쉽게 떠올릴 수 있는 해결책은 에스컬레이터를 제작할 때부터 한 줄로 서는 구조로 만드는 것이다. 디딤판이 두 줄로 설 수 있는 구조이다 보니 '한쪽'에 선다는 개념이 발생하는 것이다. 그러니 아예 처음부터 한 줄로 설 수밖에 없다면 어느 쪽에 설지 망설일 필요가 없다.*

또 조금 더 자극적인 해결책은 에스컬레이터 계단의 높이를 두 배로 늘리는 방법이다. 한 계단의 높이를 늘리면 에스컬레이터 계단을 뛰어오르는 행위 자체가 불가능해진다.

에스컬레이터를 탈 때마다 도시 교통 분야에는 문외한이면서도 이런 기술디자인적 해법을 나름대로 생각하는 게 즐겁다. 한 계단 높이를 두 배로 늘리는 게 기술적으로 가능한지 알 수 없지만, 그런 에스컬레이터가 있다면 어쨌든 한번 타보고는 싶다.

* 우리나라 지하철 에스컬레이터 중에는 폭이 80센티미터인 1인용 에스컬레이터가 이미 242대(2013년 기준) 설치되어 있다. — 옮긴이

그러던 어느 날, 홍콩에 출장을 간 나는 입이 떡 벌어지는 광경을 목격했다. 지하철역의 평범한 에스컬레이터에 사람들이 양쪽으로 질서정연하게 서 있는 것이 아닌가. 홍콩이라고 하면 빠른 걸음으로 걸어 다니는 사람이 많은 정신없이 바쁜 도시라는 이미지가 있다. 바쁜 사람도 많을 텐데 왜 홍콩에서는 사람들이 에스컬레이터에서 양쪽으로 설까?

궁금증을 안고 에스컬레이터에 타보았다. 이유는 단번에 확인되었다. 에스컬레이터 속도가 우리의 에스컬레이터와 비교해 체감상 두 배 정도 빨랐다. 에스컬레이터가 움직이는 속도가 워낙 빨라 사람들은 에스컬레이터 위에서 섣불리 걸어 다닐 생각을 하지 않는 듯했다.

나는 충격을 받았다. 사람들을 양쪽에 세우기 위해 어떤 디자인의 에스컬레이터를 만들지, 어떻게 개량해야 할지 생각하느라 에스컬레이터 속도를 높인다는 생각은 아예 하지 못했다. 홍콩의 경우처럼 고속 에스컬레이터는 생각지도 못한 해법이었다.

짜릿한 희열을 느낀 나는 홍콩에서 굳이 탈 필요도 없는 에스컬레이터를 몇 번이나 탔다. 문득 정신을 차려보니 나 자신이 우물 안 개구리처럼 느껴졌다. 나의 사고방식과 관점이 너무 좁다는 사실을 깨달았다.

아무래도 전문성은 사고방식을 고정화하는 경향이 있는 듯하다. 흔히 있는 이과계 유머 중에 폭죽을 쏘아올렸을 때 반응을 보면 전공을 알 수 있다는 이야기가 있다.

폭죽이 터져 아름답고 큼지막한 불꽃이 밤하늘 위로 솟아오를 때 일반인이라면 감탄사를 쏟아낸다. 하지만 이과 전공자들은 좀 다른 반응을 보인다.

"이번 불꽃은 마그네슘이 많군."

이렇게 말하면 화학과.

"소리가 도달하는 속도로 보아 발화점은 2킬로미터 떨어진 곳이군."

또 이렇게 말하면 물리학과.

"지표면에서 올려다본 각도가 30도인 걸 보니 삼각함수를 사용하기 적당하겠어."

이렇게 말하면 수학과라는 식이다.

사실 이 이야기는 유머도 우스갯소리도 아닌 실제 있었던 이야기다. 어쨌든 전공에 푹 빠져 있으면 아름다운 불꽃을 바라보는 관점이 완전히 달라진다는 것을 보여주는 전형적인 예다.

입시를 위한 수학 문제와 달리 세상의 '문제'에는 알고 보면 수많은 풀이가 존재한다. 사회의 관점에서 바라본 해법, 물리의 관점에서 바라본 해법, 감성의 관점에서 바라본 해법 등 각양각색이다. 문제를 풀기 위한 전제의 범위와 종류에 따라 여러 가지 풀이가 가능하기 때문이다. 그래서 만약 '진짜 답'이라는 게 존재한다면 여러 종류의 해법을 조합한 답이 아닐까. 불꽃이 아름다운 건 다양한 해법을 통합했기 때문이다. 홍콩의 고속 엘리베이터는 사회와 물리가 조합된 해법이었다.

문제와 동시에 답이 존재한다고 수학자는 말한다. 그 경지에 도달하기는 어려워도 반대로 해법이 먼저 존재하는, 풀 수 있는 문제를 찾는다는 발상은 가능하지 않을까. 세상에는 무한한 종류의 문제가 있고 해법은 나밖에 모를 테니 말이다. 우연히 내가 풀 수 있고 그 문제가 다른 사람에게 중요하다면 운이 좋다.

오늘도 에스컬레이터에 한 줄 서기를 하며 이런저런 생각에 잠겼다.

· · ● · '무한한 가능성'은 존재할까?

"젊음에는 무한한 가능성이 있다."

나라면 절대 하지 않을 말이다. 나를 비롯한 물리학자들은 고개가 아프도록 열심히 끄덕이며 이런 말은 절대 하지 않을 것이라는 데 동의할 것이다. 만약 이 말을 물리학과 학생들에게 했다면 무슨 질문이 돌아올지 뻔히 알고 있기 때문이다.

"교수님, 무한이라면 어느 정도를 말씀하시는 건가요?"

말이 끝나기 무섭게 손을 번쩍 들고 질문하는 학생이 나온다. 세상에는 가볍게 '무한'을 운운하는 사람들이 있다. 직업병 탓인

"이번 불꽃은 마그네슘이 많군."

"소리가 도달하는 속도로 보아 발화점은
2킬로미터 떨어진 곳이군."

"지표면에서 올려다본 각도가 30도인 걸 보니
삼각함수를 사용하기 적당하겠어."

지, 나는 경솔하게 '무한'이라는 말을 내뱉지 않는다. 물론 이유가 하나 더 있다. 세간의 안일한 고정 관념에서 스스로 한 걸음 빠져나오기 위한 장치로 활용하고 있기 때문이다.

직업병이라는 의미를 조금 더 풀어서 이야기해보자. 이론물리학자의 임무는 이 세상의 현상을 수식으로 기술하고, 그 수식에서 새로운 현상이나 미래의 현상을 예측하는 일이다. 세상의 현상을 수식으로 기술할 때 '무한 극한'을 고려할 필요가 있기에 나는 평소에도 '무한'을 늘 염두에 둔다. 가령 산책할 때 내가 지금 걷는 지면은 평평해도 사실 지구는 둥그니 지면은 평평하지 않고 아주 약간 휘어져 있다고 생각하는 식이다. 하지만 땅바닥의 곡면을 평소에 굳이 생각할 필요가 없는 건 곡면의 영향이 거의 없을 만큼 지구가 충분히 크기 때문이다. 이 경우에 지구의 반지름을 무한대로 가정하고 근사치를 구해본다.

인공위성의 운동을 가정하거나, 달에 가는 로켓을 구상할 때라면 이야기가 다르다. 지구가 무한히 넓은 평면이라는 식으로는 근사치를 구할 수 없다. 지구가 둥글다는 사실을 고려할 필요가 있다. 그렇다면 어떠한 상황에서 '무한'이 필요하고, 어떠한 상황에서 '무한'이 필요 없는지 판별해야 한다.

이론물리학자는 언제나 "무한대로 늘리면 이야기가 간단해지지만, 정말로 무한대로 늘려도 괜찮을까요?"와 같은 대화를 주고받는다. 요컨대 직업병 탓에 '무한한 가능성'이라는 말에 과민하게 반응하는 셈인데, 처음에 거론했던 '무한한 가능성'은 어느 정도로 큰 가능성일까?

엄청나게 맛있는 요리를 만났을 때 '이런 요리를 만든 사람은 천재구나'라고 감탄하게 된다. 세계 최초로 수박에 소금을 뿌려 먹을 생각을 한 사람도 천재가 아닐까.

한편 현대의 요리사는 새로운 요리를 창조하는 데 평생을 바쳐 도전한다. 과연 어느 정도로 새로운 요리를 창조할 수 있을까? 무한한 가능성이 존재할까?

마트에 약 1,000종류의 식자재를 팔고 있다고 근사치를 내보자. 그중 다섯 가지 품목을 장바구니에 집어넣고, 순서대로 조합해서 요리한다고 치자(물론 요리를 업으로 삼는 분들에게는 무척 실례가 되는 예이나, 독자 여러분의 이해를 돕기 위함이니 아무쪼록 넓은 마음으로 양해해 주시기를……). 그러면 그 조합의 수는 10의 15제곱, 즉 10^{15}=1,000조다. 어마어마하게 큰 숫자다. 동네 마트에서 구입한 식자재로 만들 수 있는 요리의 종류만 해도 이 정도로 많다. '조합의 폭발'이라 부를 만한 현상이다.

그렇다면 과연 요리의 가능성이 무한하다고 할 수 있을까?

지구에 사는 인구를 약 100억 명이라고 근사치를 잡고, 전 인류가 요리사라고 가정해보자. 하루에 아침, 점심, 저녁 세 끼를 고안하는 합리적인 상황을 가정할 때, 마트 식자재를 모조리 시험하고, 전 인류가 매 끼니 요리를 개발하는 데 결국 100년이 걸린다. 전 인류가 무려 100년 동안이나 요리에 매달려야 한다! 만약 전 인류가 아니라 요리사 혼자라면 하루 세 끼라도 마트 식자재를 다섯 종류씩 섭렵하는 데 1조 년이 걸리게 된다. 여기까지 계산하고 나면 '요리에는 무한한 가능성이 있다'고 말해도 과학적으로 지나친 말이 아니게 된다. 다만 우주인이 존재한다는 상황은 제외하자.

이러한 조합의 폭발은 우리 주위의 다양한 현상에 적용할 수 있다. 예를 들어 네 자리 숫자의 조합으로 이루어진 자전거 체인 자물쇠의 잠금 장치는 과연 도난을 어느 정도 예방해줄 수 있을까? 각각의 수로 만들 수 있는 네 자리 숫자의 수는 약 1만 개, 1초에 1개의 숫자를 시험한다고 하면, 얼추 세 시간이 걸린다. 세 시간 동안 아르바이트를 해서 자전거 살 돈을 모을 가능성은 아주 희박하므로 자전거를 훔치는 데는 합리적인 이유가 있다. 그러나 자전거 거치대에 세워놓은 자전거에 세 시간가량 매달려서 자물쇠를 만지작거리고 있으면 도둑으로 의심받지 않는 게 더 이상하다. 즉 네 자리 숫자는 아슬아슬하게 도난을 방지할 수 있는 수준이다. 만약 자물쇠가 세 자리 숫자라면 약 1,000개의 수가 가능하고 숫자를 조합하는 데 17분이 걸리므로 자전거를 도난당할 위험성은 더 크다.

나는 물리학자가 아닌 누군가가 '무한'이라는 말을 입 밖에 내는 순간, "저기요, 어떤 의미로 무한이라는 말을 사용하셨나요?"

라고 되물을 정도로 세상 물정을 모르는 어리숙한 골방 샌님은 아니다. 그래서 몰래 구시렁대면서도 머릿속으로는 생각하기 시작한다. 몇 분 동안 생각한 다음 '그래, 확실히 무한이라는 말을 써도 되겠어'라는 결론을 얻으면 슬며시 입꼬리가 올라간다. 하지만 그때쯤이면 화제는 이미 완전히 다른 데로 넘어가 있다. '아차, 딴생각하느라 놓쳤네.' 나는 멍하니 먼 산을 바라본다.

여기까지 이런 과정을 매일같이 무한히 반복하며 사는 어느 이론물리학자의 푸념이었다.

···• · 소립자 물리학의 숫자는 수학의 숫자와 다르다?

이따금 내가 숫자에 홀렸다는 생각을 할 때가 있다. 네 자리 정도의 숫자가 가장 유혹적이다. 그 숫자를 본 순간, 숫자가 의미하는 바를 탐색하기 시작한다. 한 자리, 두 자리 숫자라면 익숙하고 친숙하다. 세 자리는 어떻게든 알 것 같다. 그런데 네 자리는 묘하게 도전의식을 불태운다.

지금 이 글을 쓰고 있는 2018년이라는 네 자리 수는 어떤가. 척 보면 소수가 아니어서 일단 실망의 한숨을 내쉰다. 그 전해는 2017년이니 소수였다. 소수인지 아닌지를 판정하려면 제곱근까지 소수로 나눌 수 있는지를 하나하나 확인해야 하는데, 2017의

제곱근은 약 45이니, 45까지의 소수 정도는 이미 머릿속에 들어 있어 식은 죽 먹기다. 머릿속 기억을 되짚어 소수인지 아닌지를 판정할 수 있다. 다섯 자리 정수쯤 되면 소수인지 아닌지 판정하기 까다로워진다. 우리는 지금 얼마나 행복한 시대에 살고 있는가. 서기 네 자리 시대를 살고 있으니 말이다. 참으로 감사할 따름이다.

2018은 짝수이니, 2로 나눌 수 있다. 따라서 소수가 아님을 바로 알 수 있어 시시하다. 하지만 7의 2제곱, 8의 2제곱, 9의 2제곱과 같은 식으로 계속 더해, 18의 2제곱까지 더하면, 딱 2018이 됨을 알 수 있다($7^2+8^2+9^2+\cdots 18^2=2018$). 즉 연속한 제곱수들의 합으로 깔끔하게 적을 수 있다. 가슴을 쓸어내리며 안도한다. 2018은 소수라는 특별한 종류의 숫자는 아니라도 아주 약간 특별한 의미를 지닌 숫자다.

네 자리 숫자에는 고등학교 시절부터 이골이 났다. 전철을 타고 학원에 다녔는데 당시에는 교통카드가 아닌 전철 표를 사용했다. 모든 표에는 서로 다른 네 자리 일련번호가 인쇄되어 있었다. 그 네 자리 숫자가 주어졌을 때 숫자 사이에 '+'나 '÷' 등의 사칙연산 기호를 넣어 계산 결과를 10으로 만드는 수식 짜기 놀이가 친구들 사이에서 유행했다.

온갖 논리 조합을 찾아헤매다 결과를 10으로 만들어주는 기발한 발상이 떠오르는 그 순간이 너무나 즐거웠다. 하지만 아무리 찾아도 절대 10을 만들 수 없는 네 자리 숫자도 있었다. 골치는 지끈거리는데 얄궂게도 답은 나오지 않았다. 머리를 쥐어뜯다 보면 어느새 전철은 내려야 할 역에 도착하고 답을 찾지 못한 채 표를 개찰구에 넣어야 하는 비극을 경험할 때도 많았다.

어쨌든 나는 의미 있어 보이는 숫자를 목격하는 순간 짜릿한 쾌감을 느낀다. 물론 과학자라는 직업의 특성상 매일 숫자와 마주하지만, 내가 다루는 소립자 물리학에서는 세간에서 상상하듯 물리학의 숫자와 마주하지 않는다. 물리학에서 상상하는 숫자는 가령 야구공의 속도는 시속 150킬로미터라는 식이다. 과학에 친숙한 사람이라면 지구의 반지름은 약 6,000킬로미터 같은 숫자를 떠올릴 수도 있다. 소립자 물리학은 조금 다르다. 소립자 물리학에서 사용하는 숫자는 네 자리 숫자 퍼즐과 비슷한 숫자 외에도 아주아주 거대한 숫자가 있다.

현재까지 과학자가 발견한 소립자의 종류는 17가지다. 우주는 17종류의 소립자와 미발견 소립자(암흑물질이라 부른다)로 구성되어 있다. 그러나 인류는 왜 소립자가 17종류인지, 도대체 소립자는 몇 종류인지 등의 근본적 문제에 대한 답은 찾지 못했다. 소립자 물리학은 이 물음에 답을 찾는 일을 사명으로 삼는 학문이다.

물론 여기서 숫자 17이 소수라는 것이 아무 의미가 없다는 것 정도는 물리학자도 잘 알고 있다. 이 숫자 이면에는 소립자 분류학이 있다. 수학적으로 군론(群論)이라 부르는 개념으로 소립자의 성질을 규정한다. 왜 그런 수학 성질로 소립자가 지배되는지의 문제는 퍼즐과 같은 요소가 강하다.

한편 엄청나게 큰 수도 연구에 사용된다. 예를 들어 우주에 존재하는 원자의 수는 10의 80제곱(10^{80}) 개 정도로 추산되고 있다. '무량대수(無量大數)'라는 단위는 10의 68제곱(10^{68})으로, 상상을 초월할 만큼 큰 숫자다. 왜 우주에 그렇게 많은 수의 원자가 존재하는지를 묻는 게 소립자 물리학이다. 20세기의 가장 중요한 물리학자 중 한 사람으로 꼽히는 영국의 이론물리학자 폴 디랙(Paul Dirac)은 '대수 가설(large numbers hypothesis)'이라는 이론을 제시했다. 우주와 소립자에 10의 40제곱(10^{40})이라는 숫자가 빈번하게 등장하는 건 우연이 아니라는 가설이다. 10^{40}을 2제곱하면, 앞에서 소개한 우주에 존재하는 원자의 수가 나온다. 왜 이런 현상이 발생할까?

얼마 전, 아내와 함께 전철을 기다리다가 역사 안 벽에 자그마하게 적어놓은 '1759'라는 숫자를 보고 말았다. 단위도 설명도 적혀 있지 않았다. 도대체 뭘까. 전철이 올 때까지 그 숫자가 소수가 아니라는 사실은 판명했다. 그러나 누가 무슨 목적으로 그 숫자를 적었을까. 머리를 싸매고 고민해도 답을 찾을 수 없어 답답했다. 그 순간 남들 눈에는 한 점을 뚫어지게 응시하고 있는 내가 무언가에 홀려 오도 가도 못 하게 된 사람처럼 보이지 않았을까.

"당신, 뭔가 재미난 일이라도 있었어?"

전철에 타고 난 후 아내가 나에게 물었다. 역시나 내 행동은 아내에게 꼼짝없이 들통이 났다.

소수 판별하는 법

소수란 1, 2, 3…… 같은 숫자 중에서 자신과 1 이외의 숫자로 나누어떨어지지 않는 숫자를 말한다. 예를 들어 '7'이라는 숫자는 1과 7 이외의 숫자로는 나눌 수 없다. 다른 수로 나누면 어떤 수로 나누어도 나머지가 나온다. 다음 페이지에 100까지의 숫자를 표로 만들어 그중 소수에만 색을 칠해 보았다. 여러분은 어떤 수가 소수인지 한눈에 알아볼 수 있는가? 대부분 고개를 잘래잘래 내젓는다. 직업병이 있는 나는 작은 소수 정도는 외우고 있지만, 숫자가 커지면 항복이다. 사실 '소수 판별'은 지금도 수많은 수학자와 과학자를 홀리는 요망한 문제다.

가령 수가 점점 커질 때, 소수가 어느 정도 비율로 발생하는지를 다루는 문제를 '소수 정리'라 부르는데, 가우스와 르장드르, 에르되시 등 위대한 수학자가 도전한 문제다. 소수에서부터 수학의 수많은 학문 영역이 탄생했다.

대부분은 소수인지 모르면서 소수를 일상적으로 사용하고 있다. 인터넷을 사용할 때 사람들은 자기도 모르게 소수를 활용한다. 인터넷은 암호화로 보호되는 통신으로 이루어지는데, 암호화에 '소인수분해'를 활용한다. 소인수분해란 자연수를 소수의 곱으로 나타내는 과정이다. 아주 큰 수를 소인수분해 하면 컴퓨터로 해독

해도 상당히 긴 시간이 걸리는데, 이 점을 역이용해 문장을 암호화할 수 있다.

요컨대 '소수인지 아닌지 판별하기 어렵다'는 사실에서 수학이 발전했고, 우리의 생활이 지켜지고 있는 셈이다.

'47은 소수일까?'라는 문제에는 간단히 대답할 수 있다. 47보다 작은 수로 하나하나 나누어보고, 나누어떨어지지 않는 숫자를 찾아내면 그만이다. 하지만 47번이나 계산하기는 귀찮다. 알고 보면 47의 루트($\sqrt{47}$, 약 7)까지 나누면 충분하다. 그보다 큰 수의 나눗셈은 몫이 그보다 작아지므로 나눗셈을 시도한 셈 칠 수 있기 때문이다. 알아두면 아이들과 수학 연산문제 풀기 내기를 할 때 꼼수처럼 써먹을 수 있다. 꼼수를 슬쩍 알려주면 아이들도 눈을 반짝이며 소수와 수학에 흥미를 느끼게 되지 않을까?

〔그림1〕 100까지의 소수 (색칠한 칸의 숫자가 소수)

1	**2**	**3**	4	**5**	6	**7**	8	9	10
11	12	**13**	14	15	16	**17**	18	**19**	20
21	22	**23**	24	25	26	27	28	**29**	30
31	32	33	34	35	36	**37**	38	39	40
41	42	**43**	44	45	46	**47**	48	49	50
51	52	**53**	54	55	56	57	58	**59**	60
61	62	63	64	65	66	**67**	68	69	70
71	72	**73**	74	75	76	77	78	**79**	80
81	82	**83**	84	85	86	87	88	**89**	90
91	92	93	94	95	96	**97**	98	99	100

··● · 만두피와 만두소 어느 쪽도 애매하게 남지 않고 딱 맞게 만두를 빚는 기발한 방법은?

우리 집 오늘 저녁 메뉴는 군만두로 정했다. 물론 먹성 좋은 아이들이 있다 보니 온 가족이 둘러앉아 직접 만두를 빚는다. 군만두를 양껏 먹으려면 그 방법이 훨씬 경제적이다.

우리 집에서는 다진 고기와 채 썬 양배추를 섞어 소를 만들고 만두피는 시판 제품을 사용한다. 아이들에게는 가족이 함께 둘러앉아 머리를 맞대고 만두를 빚는 이 시간이 학교 미술 시간의 연장처럼 느껴지는 모양이다.

80개가량 빚었을 때 슬슬 끝이 보이는가 싶었는데, 아무래도 만두피가 부족할 듯했다. 만두소가 너무 많아서 만두피가 모자랐다. '어떡하지 만두소가 애매하게 남겠네'라고 고민하는 아빠는 아랑곳하지 않고 아이들은 손놀림을 멈추지 않고 만두를 척척 빚어댔다.

나에게는 도전이다. 누가 봐도 이론물리학자가 '짜잔' 등장해야 할 순간이다. 만두피와 소 어느 한쪽도 남지 않도록 딱 맞아떨어지게 만두 빚기 작업을 끝내려면 어떻게 해야 할까?

순간적으로 해법이 떠올랐다. 이대로 한 개씩 같은 모양의 만두를 계속 빚다 보면 만두소가 남고 만두피가 부족해진다. 즉 만

만두피와 소 어느 한쪽도 남지 않도록

딱 맞아떨어지게 작업을 끝내려면 어떻게 해야 할까?

두를 다른 모양으로 빚어서 소가 남지 않도록 해야 한다. 그러나 만두피 크기는 정해져 있다. 어떻게 해야 할까?

"UFO 만두 출격이다!"

내가 외쳤다. 아이들은 뜬금없이 무슨 소리냐는 얼굴로 멀뚱멀뚱 나를 바라보았다.

"뭐야, 너희들 UFO 만두 몰라?"

그래서 몸소 UFO 만두를 빚는 시범을 보였다. 먼저 만두피를 두 장 준비한다. 그리고 한 장에 만두소를 큼직하게 떠서 올리고 나머지 한 장으로 덮는다. 이음매는 물을 묻혀 붙이면 UFO 만두 완성!

"나도, 나도 할래!"

아이들이 환호성을 지르며 UFO 만두를 빚기 시작했다. 아뿔싸. 내 목표는 UFO 만두를 만들어서 아이들의 존경을 얻는 게 아니라 만두소와 만두피가 동시에 떨어지도록 만두 빚기 작업을 마치는 거였다.

나는 아이들에게 서두르지 말고 천천히 만두를 빚으라는 말을 남기고 손을 씻고 펜을 잡았다. '군만두의 정리'를 글로 남기기 위해서다. 두뇌를 풀가동했다.

두 장의 만두피로 만두소를 감싸면 일반적인 만두와 비교했을 때 어느 정도 용량이 늘어날까? 이런저런 타당한 가정을 세우고 잠시 계산해보았더니 UFO 만두는 일반적인 만두의 세 배의 만두소를 쌀 수 있다는 사실이 판명되었다. 그러나 UFO 만두를 만들려면 두 장의 만두피가 필요하다. 만두피와 만두소가 남지 않으려면 UFO 만두와 일반적인 만두를 각각 몇 개씩 빚어야 할까?

바로 이때가 사칙연산이 등장할 순간이다! 피식 웃음이 나왔다. 초등학교에서 배우는 악명 높은 사칙연산, 학과 거북을 더한 수와 그 둘의 다리를 더한 수로 학과 거북이 각각 몇 마리인가를 계산해내는 따위의 기초적인 산수가 드디어 일상 생활에 도움이 되는 순간이 왔다.

마침내 '군만두의 정리'를 완성했다.

"정리 : 만두소의 양과 비교해서 만두피가 n장 부족할 때, 만들어야 할 UFO 만두의 수는 약 n이다."

무척이나 아름다운 정리에 도달해 증명을 마친 나는 그 정리를 가족에게 선보이려고 했는데 이미 만두 빚기 작업이 끝나 있었다.

나는 억울해하며 아내에게 따져 물었다.

"여보, 만두피 엄청 많이 남지 않았어?"

아내는 냉정하게 대답했다.

"수제비 만들었지."

手作りギョーザの定理 (2017.4.16 K. Hashimoto)

具の量と比較してギョーザの皮が n 枚足りないとき、
作るべきUFOギョーザの数はおよそ n である。

証明.
- ○ギョーザの皮は円形であると仮定する。
- ○皮のある半径より外周部は、くっつけるために使うため、無視する。
- ○皮は面積を保てばどんな形にもなる。
  (≒ area preserving diffeo.)

与えられた面積で囲まれる体積を最大にする形は球である。
皮の有効部の面積を A とすると、球の半径 r は

$$全 n 枚の面積 = nA = 4\pi r^2 \qquad \therefore r \propto \sqrt{n}$$

肉球の体積は $\frac{4}{3}\pi r^3 \propto (\sqrt{n})^3 = n^{\frac{3}{2}}$

即ち皮1枚あたりの体積は $n^{\frac{3}{2}}/n = \sqrt{n}$ 倍になる。

UFOギョーザ  は皮2枚を用いるので

$$2^{3/2} = 2.828 \cong 3.$$

即ち 2枚の皮で3個分の肉を包める。
つるかめ算により、題意は示された。

((注) ただし、肉が足りないと気付いた時に $2n$ 枚の皮が残っている必要がある。)

군만두의 정리(2917.4.16. K.Hshimoto)

만두소의 양과 비교해서 만두피가 부족할 때, 만들어야 할 UFO 만두의 수는 약 n이다.

증명

- 군만두의 피는 원형이라고 가정한다.
- 피의 반지름과 원주 부위는 딱 맞게 붙이는 이음매로 사용하므로 무시한다.
- 피는 너비를 유지한다면 어떠한 모양도 될 수 있다.

  (≅ area preserving diffea.)

주어진 너비로 감쌀 수 있는 부피가 최대가 되는 모양은 구다.

피의 유효부 너비를 A라 가정하면, 구의 지름 r은

모든 n 피의 너비 = $nA = 4\pi R^2 \therefore\ r \propto \sqrt{n}$

만두소로 뭉친 구의 부피는 $\frac{4}{3}\pi R^3 \propto (\sqrt{n})^3 = n^{\frac{3}{2}}$

즉 만두피 1장당 너비는 $n^{\frac{3}{2}} / n = \sqrt{n}$ 배가 된다.

UFO 만두 는 피 2장으로 만두 세 번을 빚을 수 있으므로,

$2^{\frac{3}{2}} = 2.828 \cong 3$

즉 2장의 만두피로 3개분의 만두를 빚을 수 있다.

사칙연산으로 문제를 정리해보았다.

(주의 : 다만 만두소가 부족하다고 깨달았을 때, 2n장의 만두피가 남아 있어야 한다.)

물리학자는 상식이 파괴된 현상의 이면에 숨은 법칙을 찾아내며 즐거움을 느끼는 인종이다. 가령 일반적으로 전류를 흘리면 저항이 발생하는데 ‘초전도’ 물질에는 저항이 없어 전류가 막힘 없이 술술 흐를 수 있다. 나는 이런 ‘이상 현상’을 사랑한다.

내가 이화학연구소에 근무하기 시작한 무렵, 출퇴근길에 명백한 ‘이상 현상’을 발견했다. 어느 날 아침, 연구소에서 가장 가까운 역인 와코시역(和光市駅) 개찰구를 나왔는데 한눈에도 연구자 분위기를 풍기는 사람들이 무리 지어 역 앞의 어느 건물로 빨려 들어가는 것이 보였다. 인파의 규모가 상당해서 도저히 그 건물에 수용 가능한 규모가 아니었다. 매일 사람들의 흐름을 전류라고 가정하던 나는 흥분을 주체할 수 없었다.

‘와코시역 앞에 초전도 건물이 세워져 있다!’

나는 며칠 동안 관찰을 계속해, 이 이상 현상의 이면에 물리학에서 말하는 ‘경로 적분’이 숨어 있음을 간파했다. 내 흥분의 강도는 더 높아졌다. 과연 내 흥분이 독자 여러분에게 전해질까. 조금 더 자세하게 설명해보자.

나는 걷는 속도가 빠른 편이고 동료 물리학자들 중에도 속보로 걷는 사람이 많다. 물리학 따위를 생각하며 걸을 때는 발걸음이 느려지기도 하지만, 출퇴근길에는 경보 선수 수준으로 빠른 걸음으로 걷는다. 그렇다고 운동 삼아 일부러 속보로 걷는 습관을 들이지는 않았다. '실험'하고 있을 뿐이다.

누구나 목적지에 빨리 다다르고 싶지 않을까. 물리학자도 마찬가지다. 그래서 갖가지 경로를 찾아 하나씩 '실험'해본다. 물리학은 실증 과학이다. 과학이란 재현 가능한 실험을 반복해서 수식으로 지배되는 학문 체계다. 과학에 목숨을 건 나와 같은 물리학자는 필연적으로 출퇴근길에도 과학이 나를 지배한다.

실험 방법은 간단하다. 우선 지도를 본다. 요즘에는 구글 지도처럼 자신의 현재 위치와 방향을 알 수 있는 지도를 언제 어디서든 휴대할 수 있어 든든하다. 다만 대단히 정확한 정보는 아니라는 점에 주의해야 한다. 다음 단계로 지도에서 출발지(예를 들어 역)와 목적지(예를 들어 회사 사무실) 위치를 확인한다. 그리고 최단 경로를 예상한다. 여기까지가 이론이다.

이론이 완성되면 다음 단계는 실험이다. 쉽게 말해 매일 아침, 저녁으로 걷는다. 물리학에서 가장 중요한 부분은 이론으로 예측한 것 이상의 무언가를 발견하는 것이다. 이론 예측을 실험으로 확인할 뿐이라면 굳이 몇 번씩 반복해서 실험할 동기를 찾을 수 없다. 이렇게 물리학자의 일상에 소소하지만 확실한 행복이 찾아온다.

물론 예측 불가능한 장애물도 있다. 가장 흔한 예가 지도에서는 틀림없이 최단 경로로 보였는데 막상 가보니 급경사나 공사 현장, 쓰레기차, 스쿨존을 오가는 병아리 떼 같은 초등학생 무리 등의 장애물이 발생하는 상황이다. 이런 상황에서는 최단 경로 이론으로 재탐색한다. 이렇게 이론은 장애를 극복하고, 실험을 통해 최종적으로 하나의 경로로 수렴한다. 이 과정을 나는 '도보 출퇴근의 고전 역학'이라 부른다.

물리학에는 고전 역학과 양자역학이 있다. 아마 독자 여러분도 어디선가 들어본 적이 있으리라. 고전 역학이란 입자 운동이 한 가지 원리에 지배되는 역학으로, 20세기 초까지 모든 물리 법칙이 고전 역학의 지배를 받았다.

그러나 과학이 발전하며 고전 역학으로는 설명할 수 없는 입자의 거시적인 움직임이 발견되었고, 이를 양자역학이라 부르게 되었다. 양자는 파동과 같은 성질을 지니고 있다는 가설이다. 입자와 달리 파동은 나아갈 때 퍼지는 성질이 있다. 즉, 일직선으로 날아가지 않고 어느 정도의 너비를 유지하고 넓어지며 날아간다.

노벨상 수상자인 위대한 물리학자 리처드 파인먼은 넓어지며 날아가는 입자의 양자역학을 '경로 적분'이라는 이론으로 재구성했다. 경로 적분이란 다양한 경로를 설정하고 그 경로들을 입자가 날아간다고 가정했을 때, 확률적으로 최단 경로를 선택할 확률이 높아지고, 거리가 멀어짐에 따라 확률적으로 선택 확률이 낮아진다는 이론이다.

나는 물리학자라 고전 역학으로는 설명할 수 없는 현상을 사랑한다. 요컨대 도보 출퇴근 문제에서 이기려면 고전 역학이 아닌 양자역학의 경로 적분을 구사할 필요가 있다는 말이다.

이야기가 거창해졌는데, 알고 보면 매우 간단하다. 누구나 실행할 수 있다. 매일 출퇴근할 때마다 다른 경로의 길을 걸으며 다양하게 시험해보자. 그 과정에서 매우 재미난 사실을 알게 된다. 돌아가는 길이라고 생각했던 경로가 실제로 걸어보니 신호가 바뀌는 타이밍이 기막히게 잘 맞아 걷기 딱 좋은 경로였다거나, 동네 사람들만 아는 으슥한 골목 지름길을 발견한다거나, 지도에 실리지 않은 경로를 우연히 발견한다거나 하는 식이다. 이러한 도보 출퇴근의 경로 적분 결과, 이론으로는 예상할 수 없었던 경로를 발견할 수 있다.

앞에서 소개한 '초전도 건물'에는 과연 어떤 비밀이 숨어 있었을까. 나도 호기심을 이기지 못하고 조심조심 그 건물로 들어가 보았다. 마침내 비밀이 밝혀졌다. 그 건물에는 뒷문이 있는데, 사람들은 건물을 가로질러 반대편 길로 나가기 위해 그 건물로 들어갔던 것이다. 게다가 그 건물을 가로지르는 길은 역에서 이화학연구소로 가는 최단 경로였다. 연구자가 다양한 경로를 시험한 결과, 초전도 건물이 탄생했던 것이다.

'초전도 건물'은 오늘도 건물을 지름길 삼아 빠져나가는 수많은 인파로 북적이고 있다. 다른 차원의 경로 적분을 조사하는 일도 언젠가 세상에 도움이 될 수 있다.

경로 적분

경로 적분이라는 용어는 이론물리학에서 사용하는 전문용어로 대학에서도 일반교양 과목에서는 배우지 않는다. 간혹 자연과학부 물리학과 마지막 학년에서 맛보기로 배우는 대학생이 있을 만큼 아주 전문적인 수준의 개념이다. 이론물리학을 본격적으로 공부하는 대학원생은 되어야 비로소 경로 적분을 구체적으로 배우게 된다.

요컨대 상당히 전문적인 용어다. 그런데 알고 보면 이 세상의 소립자는 모두 경로 적분을 따라 운동한다. 이 말은 우주가 모두 경로 적분이라는 기구로 움직인다는 뜻으로, 인류가 배워야 할 가장 중요한 개념 중 하나라고 할 수 있다.

수식으로 표현하면 경로 적분은 난해한 개념이지만, 말로 풀면 진입 장벽이 훌쩍 낮아진다. 먼저 '경로'와 '적분'으로 나누어서 생각해보자. 적분은 고등학교 수학 시간에 배우는 개념이다. 문제에 임의의 함수가 주어졌을 때, 그 함수와 x축으로 둘러싸인 부분의 넓이가 함수의 적분이다. 임의의 영역의 넓이를 구하는 문제는 물론 풀기 어렵다. 그러나 영역을 잘게 쪼개고 각각의 영역을 사각형이라고 가정하면, 사각형의 넓이는 가로×세로로 간단히 구할 수 있다. 적분이란 작게 나눈 각각의 영역을 합친다는 의미라고 생각하면 이해하기 쉽다.

다음으로 '경로'에 대해 생각해보자. 물리학에서는 소립자가 지점 A에서 출발해 지점 B에 도달하는 운동을 가정할 때, 어떤 경로를 거칠지의 문제를 연구한다. 만약 소립자가 인간이고 지점 A와 지점 B 사이가 모두 평탄한 지형이라고 가정하면, A부터 B까지 똑바로 나아갈 수 있다. 이를 '(등속) 직선 운동'이라 부른다. 만약 평탄한 지형이 아니라면 경로는 직선보다 곡선이 낫다. 이처럼 경로는 물체의 운동과 관계가 있다.

'마이크로'한 소립자 운동에는 인간의 운동과 약간 다른 점이 있다. 소립자는 하나의 경로만을 통과하지 않는다. 실험해보면 정말로 하나의 소립자가 두 개의 경로를 동시에 지나는 믿을 수 없는 결과를 얻을 수 있다. 물리학에서는 이러한 행태를 '양자역학'이라고 부른다.

몇 개의 경로를 동시에 지난다면 그 경로들을 합해 전체 경로를 가정해야 한다. 이를 '경로 적분'이라 부른다.

지점 B에 빨리 도달하려면 어떤 경로가 좋을지, 인간도 머릿속으로 경로 적분과 비슷한 사고과정을 거쳐 생각한다. 이렇게 자연스러운 사고방식이 이 세상에서 가장 기초적인 소립자의 운동을 결정한다는 사실이 매우 신비롭지 않은가!

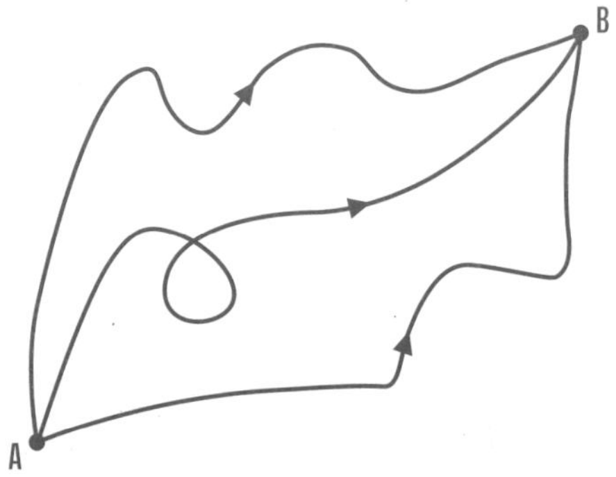

〔그림2〕

경로 적분의 사고방식

· · • · 마트에서 충돌 사고를 방지하는 '물리학 보행법'

"오늘 마트에서 다른 사람이랑 세 번이나 부딪쳐서 어떤 아저씨한테 정신 어디다 팔고 다니냐며 혼났어. 나는 평소처럼 걸어다녔는데, 억울해."

실제로 세 번 중에 한 번은 내 딴에는 정신을 바짝 차리고 있었다. 풀이 죽은 나를 아내가 밝은 목소리로 달래주었다.

"마트에서 충돌 사고를 방지하는 '올바른 보행법'이라는 게 있다더라."

그 한마디에 물리학을 생업으로 삼고 있는 내 투쟁심에 화르르 불이 붙었다. 문제가 있으면 해법도 있는 법. 나는 마트에서 장을 봐온 봉지를 주섬주섬 내려놓고 허공을 바라보았다.

왜 나는 마트에만 가면 다른 사람들과 부딪칠까? 내가 다른 사람들이랑 다르게 움직이기 때문이다. 그렇다면 만약 내가 다른 사람들처럼 움직인다면 부딪치지 않을 터. 즉 모든 인간의 움직임을 지배하는 법칙을 알면 나도 그 법칙에 따라 운동하는 한 마트에서 충돌 사고를 일으키지 않을 것이다.

인간의 개체를 기체 분자라고 가정하자. 기체 분자는 불규칙하게 움직이며 서로 충돌하거나 벽면에 충돌해 기체의 압력을 만들어낸다. 인간도 그냥 두면 무한대로 부딪칠 것이다. 그러나 마트에서 인간의 움직임은 그렇지 않다. 기체가 아닌 액체다. 같은 분자의 다입자계(多粒子系, 상호작용을 하는 셋 이상의 입자로 이루어진 계-옮긴이)도 온도를 내리면 기체는 액체가 된다. 마트에서 인간의 움직임은 마치 입구로 들어와 출구로 나가는 파이프 속을 흐르는 물과 같다.

나는 흥분했다. 내 전문 분야, 물리학 문제다. 기다려라, 내가 간다.

마트 통로는 복잡하게 얽혀 있다. 가로세로 몇 개의 통로가 존재한다. 그렇게 복잡한 파이프에 물을 흘려보내면 물이 고여서 흘러가지 않는 구간이 나오게 마련이다. 옳거니! 그 구간이 내가 다른 사람들과 부딪치는 장소다. 액체 분자가 흘러가지 못하고 고이는 구간……. '마트 위험지대'다. 그러면 마트에 갔을 때 '위험지대'를 피하면 다른 사람들과 부딪치지 않고 무사히 장을 볼 수 있다.

나는 안도의 한숨을 내쉬었다.

아니, 잠깐만. 오늘 갔던 마트에서 부딪치는 구간이 있었던가. 없었다. 나는 그런 현상을 추측하지 못했다. 내 물리는 잘못된 예언을 했고 실험 관측에 맞지 않는 '죽은 이론'이 되었다.

"크윽!"

난데없이 기이한 소리를 내며 신음하는 나를 아내가 흘겨본다. 침착하자, 침착해. 마트에 가는 인간의 공통 심리를 상상해 보자. 마트에서 갖가지 식료품을 팔고 있다. 손님은 오늘 저녁에 무엇을 먹을까 따위를 생각하며 상품 진열선반을 둘러보고 모든 가능성을 고려해 오늘 상품을 집어든다.

모든 상품을 살펴본다? 만만치 않은 작업이다. 효율적으로 마트 통로를 걷다가는 날이 저문다. 최단거리로 마트의 모든 통로를 샅샅이 훑어야 할까?

나는 순간적으로 답에 도달했다. 바로 '컨투어 드로잉(Contour drawing)'이다. 컨투어 드로잉이란 손 안 떼고 한 번에 이어 그려 그림을 완성하는 기법이다. 마트 평면도를 그려놓고 한 번에 완주하는 방법을 찾으면 그만이다. 나는 예전에 퍼즐 책에서 읽은 문제를 떠올렸다 '손을 떼지 않고 선을 그려서 지도의 모든 길을 지나는 순서를 찾아라'라는 문제였다. 일반적으로 이어 그리기는 어렵다. 답은 대개 하나밖에 없다.

나는 마트 평면도를 최대한 상세하게 떠올려 종이에 그려보았다. 상당히 복잡하다. 교차점도 있고 삼거리도 있다. 어라? 사실 "세 갈래 길이 세 개 이상 존재하면 이어 그리기 답은 존재하지 않는다"는 정리가 있다. 그렇다면 답이 없다는 말인가?

아니, 잠깐만. 마트 통로에는 오른쪽 진열대와 왼쪽 진열대가 있다. 양쪽을 동시에 볼 수 없다. 다시 말해 통로는 한 줄로 보여도 사실 두 번 지나가지 않으면 양쪽 선반의 상품을 전부 확인할 수 없다. 통로 한 줄을 두 줄로 계산해야 한다! 그러면 세 갈래 길은 여섯 갈래 길이 되고, 정리를 거스르지 않고 이어 그리기가 가능해진다!

그래! 마트에 가는 사람들은 모두 컨투어 드로잉에 따라 경로를 선택하는구나! 가까스로 도달한 이 답이 과연 정답일까. 나는 아내에게 상세한 이론을 설명해보았다. 그러자 아내가 이렇게 대답했다.

"뭘 그렇게 어렵게 생각해. 정답은 '앞을 똑바로 보며 걷는' 거야."

··• · 시간은 1차원일까, 2차원일까?

우리 주변에서 일어나는 갖가지 사건을 사람마다 제각기 다르게 느끼는 건 당연한 일이지만, 곰곰이 생각해보면 참으로 흥미롭다. 자신의 감정만 해도 그렇다. 같은 일이라도 느끼는 방법에 따라 인상이 전혀 달라질 때가 있다. 그래서 같은 일이라도 몇 가지 다른 방법으로 시험해보면 색다른 재미를 찾을 수 있다.

매일 아침 같은 길로 출근하더라도 위를 보며 걸을 때와 아래를 보며 걸을 때의 인상은 상당히 다르다. 음악을 들으며 걷거나 책장을 팔랑팔랑 넘기며 걸어도 즐겁다. 가장 고급스럽게 다른 감각을 즐기는 방법도 있다. 어떤 소설이 텔레비전 드라마로 만들어지거나 영화로 제작되거나, 라디오에서 배우나 성우가 대본을 낭독해주면 같은 줄거리라도 완전히 다른 느낌으로 다가온다. 인간은 '보기'와 '듣기'를 동시에 진행할 수 있다. 같은 현상이라도 지각 방법이 달라지면 완전히 다르게 해석할 수 있다.

우리 인간은 모두 고차원에 살고 있다고 얼마 전부터 생각하게 되었다.

인간이 눈으로 보는 정보는 가로·세로·높이 3차원 공간의 정보지만, 우리는 그와 동시에 소리 정보와 촉각 정보도 받아들인다. 3차원 공간을 보는 정보에 더해, 소리로 듣는 정보는 다른 차원의 방향 정보라고 규정할 수 있다.

물론, 공간은 이동할 수 있지만, 소리의 '방향'으로 어떻게 이동할 수 있을까? 이를 실현하려면 상당한 상상력이 필요하다. 고차원을 지각하려면 상당히 높은 벽을 뛰어넘어야 한다.

알기 쉬운 예로 내 생업인 물리학의 초끈이론이라는 분야는 이 세상을 구성하는 최소 단위를 연구하는 학문이다. 가령 이 세계의 공간이 몇 차원인지도 연구 대상이다. 즉 3차원이 아닌 공간을 상상하는 직업이다.

초끈이론이 등장하는 고차원 공간을 어떻게 하면 지각화(知覺化)할 수 있을까? 이 물음을 공동 연구하는 동료들이 있다. 바로 '초끈이론 지각화 프로젝트' 연구팀이다. 그들과 이런저런 이야기를 하다 재미난 질문이 나왔다.

"시간의 고차원을 이해하려면 어떻게 해야 할까?"

내가 준비한 답변은 '문자 마방진'이었다.

아	이	유
이	정	재
유	재	석

아	들	아
들	었	니
아	니	오

가로로 읽어도 좋고, 세로로 읽어도 좋다. 어느 방향으로 읽어도 같은 문장이 만들어진다. 위의 예처럼 사람 이름으로도 만들 수 있다.

서양에서는 사토르 마방진이 유명하다. 사토르 마방진도 가로로 읽으나 세로로 읽으나 똑같이 읽을 수 있다.

S	A	T	O	R
A	R	E	P	O
T	E	N	E	T
O	P	E	R	A
R	O	T	A	S

사토르 마방진

시간은 1차원밖에 없다. 시간은 시각으로 정해진다. 시간이 2차원이 되는 상황을 상상하기 위해 먼저 공간이 2차원인 상황을 가정해보자. 지구의 표면은 2차원이다. 목적지에 도달하기 위해 오른쪽 길이든 왼쪽 길이든 선택할 수 있다. 갈림길은 2차원이다. 1차원이라면 방향은 선택할 수 없다. 시간이 2차원이라면 마찬가지로 어떤 '방향'으로 나아갈지를 선택할 수 있지 않을까? 되돌아갈 수 없다. '시간'에는 '되돌리기'가 없기 때문이다. 이런 식으로 상상해서 '문자 마장진'이 완성되었다. 읽으면 읽을수록 머릿속이 혼란스러워지는데, 신기하게도 정감이 샘솟는다.

물론 현실 세계의 시간은 1차원이다. 하지만 시간이 2차원이라면 어떻게 될까? 이렇게 쓸데없는 상상에서 새로운 과학이 시작된다.

··•· 물리학자는 모두 '근사병 환자'다?

물리학자는 다양한 대상을 '근사(近似, approximation)'하며 짜릿한 쾌감을 느끼는 종족이다. 물리학자를 만나 무언가 대화를 시작하면, 물리학자는 여러분의 근삿값을 구하는 중일 수도 있다. 나도 '근사병'에 걸린 지 오래돼 이미 고

질병이 되었다. 이제는 지병으로 안고 살아가고 있다. 안타깝게도 근사병은 불치병이라 약도 없다.

"자, 여기 소가 보이십니까? 이제, 소를 구(求)라고 상상해보십시오."

물리학자들의 화법을 비꼬는 우스갯소리라는데 나는 어느 부분에서 웃어야 할지 도통 이해할 수가 없다. 근사병 증상이다. 아마 내 동료 물리학자들도 죄다 같은 병에 걸려 어디서 웃어야 할지 모르겠다며 멀뚱멀뚱 눈동자만 굴리지 않을까.

물리학자도 사회인이다. 근사병에 걸렸어도 "소를 구라고 상상해보십시오"라는 식의 말을 일반인 앞에서 꺼냈다가 분위기를 어색하게 만들 거라는 정도는 경험으로 알고 있다. 머릿속으로는 열심히 근삿값을 구하고 있어도, 입 밖으로 꺼내지는 않는다. 그래서 여러분이 근사병으로 의심되는 사람과 이야기하더라도 그 사람이 정말로 근사병에 걸렸는지 진단하는 건 쉬운 일이 아니다.

그래도 상대방이 근사병에 걸렸는지 꼭 알고 싶다면, 한 가지 방법이 있다. 엘리베이터에서 혼잣말처럼 이렇게 중얼거려보자.

"이 엘리베이터에는 정원이 9명이라고 적혀 있잖아요. 근데, 알고 보니 9명보다 더 탈 수 있다더라고요."

이 중얼거림을 들은 상대방의 눈이 허공을 바라보기 시작하면 그는 근사병 초기 증상이다.

물리학자에게 유난히 근사병이 많이 발병하는 이유는 물리학자에게는 기본적으로 사물의 양을 비교하는 사고방식이 장착되어 있기 때문이다. 두 가지 대상을 비교해 이쪽이 크고, 저쪽이 무겁다는 식으로 비교한다. 크고 작음은 실험 관측의 기본이며, 실험 기구를 주섬주섬 꺼내 본격적으로 판을 벌이기 전에 근삿값을 추측하는 능력은 물리학자에게 필수적인 소양이다.

더욱이 물리학은 다양한 극한 상황에서 새로운 사고방식과 관점을 발견해 나가는 학문이다. 엘리베이터에 정말로 몇 명까지 탈 수 있을지 등의 질문은 물리학자의 극한 상황을 탐구하는 마음을 극도로 자극한다.

근사병을 앓는 사람은 우선 인간을 정육면체에 가깝게 보는 경향이 있다. 인간의 몸무게를 65킬로그램이라고 가정하고, 인간이 대부분 물로 이루어져 있다는 사실을 알면, 부피는 1리터 우유 65개 분량, 즉 사방이 40센티미터인 정육면체라고 근사치를 낼 수 있다. 이 정육면체가 엘리베이터 안에 몇 개나 들어갈까? 엘리베이터 안을 힐끔힐끔 둘러보며 허공을 살피는 사람의 머릿속에서는 그런 계산이 이루어지고 있다.

"음, 꾸역꾸역 욱여넣으면 40명은 탈 수 있겠네요."

애써 농담처럼 대답하는 그 사람의 눈 속에는 실은 진지함이 번뜩이고 있다.

근사병은 상당히 중독성이 있다. 특히 근사병 환자가 모여서 이야기하기 시작하면 증상이 악화하는 경향이 있다. 대학이나 연구소 물리 연구실에서는 중독 환자가 삼삼오오 모여들어 근사병 환자로 문전성시를 이룬다. 언젠가 우리 연구실에서는 '우마이봉'이라는 막대형 과자를 도쿄돔 구장에 가득 채우려면 돈이 얼마나 들지를 한 시간 가까이 진지하게 토론한 적도 있다. 물론 우리 연구실은 '우마이봉'을 연구하는 곳이 아니다.

안타깝게도 근사병은 일종의 직업병이다. 물리학에서는 크기의 기준을 '스케일(scale)'이라 부르며, 스케일에 관한 감각을 중시한다. 스케일은 물리학 내용뿐 아니라 물리학자들이 모이는 학회에서도 사회성을 지배한다. 예를 들어 일본 물리학회는 수많은 소규모 커뮤니티로 나뉘어 있고, 각각의 커뮤니티 안에서 성과 발표와 토론이 이루어지는데, 커뮤니티는 대상이 되는 물질의 스케일로 나눈다. '소립자', '원자핵', '우주' 등이 물리학회에서 커뮤니티를 나누는 기준이다.

매사에 크기에 민감한 물리학자도 이따금 일부러 크기를 무시할 때도 있다.

"만약 우마이봉의 길이가 100킬로미터(가장 일반적인 우마이봉의 평균 길이는 약 11센티미터 — 옮긴이)라면 어떻게 될까?"

이러한 가상 실험이 두뇌를 자극해 과학의 극한 상황을 검증과 새로운 발견으로 이어지게 한다. 아담한 물레방앗간이 거대한 댐의 수력발전으로 진화하듯. 신중하게 계산해서 크기를 무

엘리베이터에 정말로 몇 명까지 탈 수 있을지 등의 질문은
물리학자의 극한 상황을 탐구하는 마음을 극도로 자극한다.

9
MAX

시하는 상황은 우마이봉의 원래 스케일을 근사적으로 깊이 알지 않으면 성공할 수 없다. 근사병에 중독성이 있는 이유는 '즐거운 근사'를 발견했다는 희열의 크기가 근사병을 부채질하기 때문이다.

얼마 전에 아이를 데리고 동물원에 갔더니, 각 동물 우리 앞 안내판에 그 동물의 체중을 적어놓았다. 동물을 보고 구로 상상해, 체중을 추정하고 안내판에 적힌 체중과 일치하는지 확인했다. 찌르르한 쾌감이 온몸을 휘감았다. 그런데 아이는 관심이 있는 동물이 아니면 잽싸게 다음 우리로 이동해버렸다. 아직 안내판을 보고 확인 작업을 마치지 못했건만. 아가야, 아빠의 은밀한 즐거움을 부디 앗아가지 말려무나.

··•· 한자에 좌우 대칭 글자가 많은 이유가 중력 때문이라고?

가족 외식으로 모처럼 집에서 멀리 떨어진 고깃집에 갔던 날 있었던 일이다. 가게 유리창에 '고기 육(肉)'이라는 글자가 큼직하게 붙어 있어 한눈에 고깃집임을 알 수 있었다. 가게 안으로 들어가 고기를 주문하고 문득 창을 바라보니 조금 전 본 '고기 육'이라는 글자가 눈에 들어왔다. 어라, 안에서 봐도 밖에서 봐도 '고기 육'이라고 읽을 수 있구나. 그렇다.

'고기 육(肉)'이라는 한자는 얼추 좌우 대칭이라 어느 방향에서든 읽을 수 있다.

"'고기 육'이라는 글자, 참 신기하지 않아?"

혼잣말처럼 중얼거렸지만 고기 굽기에 여념이 없는 가족들의 귀에는 내 말이 들리지 않는 모양이었다. 어쩔 수 없이 마음속으로 '고기 육'이라는 글자의 신비를 다른 차원에서 음미해보기로 했다.

한자라는 문자는 원래 표의문자, 즉 뜻을 글자로 표현하는 문자다. 가장 직관적인 의미는 뭐니 뭐니 해도 시각적 이미지다. '뫼 산(山)'이라는 한자는 산의 형상을 나타낸 글자다. 이 세상과 자연의 사물들 중에는 좌우 대칭이 많다. 그래서 모양을 나타내는 글자도 좌우 대칭이 많고, 한자에도 좌우 대칭인 글자가 많은 것이다. 여기까지 논리를 전개해 스스로 이해했다. 그렇다면 자연의 사물은 왜 좌우 대칭일까? 그것은 물론 중력이 존재하기 때문이다. 이 지구상의 모든 존재에는 중력의 힘이 작용한다. 중력은 위에서 아래 방향으로 작용한다. 그래서 나무는 위로 자라면서 좌우 대칭을 이뤄 '나무 목(木)'이라는 좌우 대칭의 한자가 만들어졌다.

"옳거니, 중력 때문에 한자는 좌우 대칭인 글자가 많았구나."

이번에도 비 맞은 중처럼 혼자 중얼거려보았지만, 가족들은 대꾸조차 해주지 않는다. 그래서 혼자 스마트폰을 꺼내 일본에서 초등학교 1학년이 배우는 한자를 검색해보았다. 좌우 대칭인 한자가 어느 정도 비율로 존재하는지 알아볼 심산이었다.

'중력의 존재를 가정한다면, 상하 대칭보다 좌우 대칭인 글자가 압도적으로 많다.'

나는 가설을 세우고 검색에 들어갔다. 가설을 세웠으면 재깍재깍 검증에 들어가야지. 그래야 과학자답지. 과학자의 본능을 고깃집 불판 앞에서도 억누를 수 없었다.

町	人	五	一
天	水	口	石
田	正	校	雨
土	生	左	円
二	青	三	王
日	夕	山	音
入	石	子	下
年	赤	四	火
白	千	糸	花
八	川	字	貝
百	先	耳	学
文	早	七	気
木	草	車	九
本	足	手	休
名	村	十	玉
目	大	出	金
立	男	女	空
力	竹	小	月
林	中	上	犬
六	虫	森	見

결과는 예상대로였다. 초등학교 1학년이 배우는 한자 80자 중, 약 절반에 해당하는 약 40자가 좌우 대칭이었다. 한편 상하 대칭인 한자는 고작 12자, 게다가 그 글자들은 좌우 대칭이기도 했다.

예상이 적중해 나도 모르게 실실 웃음이 나왔다. 이 기세라면 마야 상형문자나 고대 이집트의 히에로글리프 같은 상형문자에서도 중력의 영향으로 인한 좌우 대칭성을 확인할 수 있지 않을까. 물리학의 기본 원리인 '대칭성의 파괴'다. 만약 내 멋대로 문자를 발명한다면 좌우 대칭 따위 가볍게 무시하리라. 완전히 자유롭게 문자를 창제할 수 있다면 어느 방향도 선택하지 않고 완전히 자유로운 통계성을 지닌 집합을 만들 것이다. 요컨대 문자가 좌우 대칭 꼴이 돼버린 건 중력이 대칭성을 파괴하고 상하 방향을 특수한 것으로 만들어버렸기 때문이다.

그러고 보니 어린 시절 친구와 '비밀 암호문자'를 만들어서 괴발개발 쓴 글씨로 편지를 주고받은 추억이 떠오른다. 그 시절 우리가 만든 암호문자는 좌우 대칭이 아니었다. 역시, 내 가설에 모순은 없군. 어른이라도 자유롭게 문자를 고안할 수 있는 직업이라면 수학자가 아닐까. 수학자는 자신의 이론을 수식으로 표현할 수 있는 기호를 발명할 권리가 있다. 수학 기호는 추상도가 높아 아마 좌우 대칭이 아닐 확률이 높다. 그래도 신경이 쓰이니 일단 확인해보자.

애초에 문명은 중력의 영향에서 벗어날 수 없었기에 우리는 안타깝게도 시나브로 중력의 지배를 받으며 살고 있다. 그렇다면 상상력을 확장해 지구 문명 외에 다른 별 문명의 문자를 검토해보자. 예를 들어 극단적으로 중력이 약한 2차원 평면 세계에 지적 생명체가 산다고 치자. 그 별에서는 문자가 수평선밖에 없고 선의 길이로만 뜻을 구별할 수 있다. 색을 사용해서 구별할 수도 있다. 알록달록한 문자를 상상해도 즐겁다. 만약 3D 프린터처럼 문자를 입체적으로 인쇄할 수 있는 문명이라면 축을 중심으로 대칭을 이루는 입체 문자가 많지 않을까. 글자가 축을 중심으로 빙글빙글 회전하는 광경을 머릿속으로 상상했더니 신이 난다. 만약 중력이 매우 약해 지적 생명체가 훨훨 날아다닌다면 문자는 점 대칭(중심 대칭) 형태가 아닐까. 그러나 점 대칭 문자는 판독하기 어렵다.

문득 옆을 보니 '영수증(レシート)'이라고 가타가나로 적힌 종이가 놓여 있다. 순간적으로 머리가 멍해질 정도로 충격을 받았다. 뒤집어 보아도 옆으로 돌려놓고 보아도, 다른 글자로 읽을 수 있다. 일본어 가타가나는 '레(レ)'를 뒤집으면 '후(フ)'라는 글자가 되고, '시(シ)'를 옆으로 돌리면 '쓰(ツ)'라는 글자로 읽을 수 있다. 즉 가타가나에는 비스듬한 축으로 접으면 형태가 달라지는 대칭성 짝이 존재한다. '무(ム)'와 '마(マ)', '루(ル)'와 '라(ラ)'처럼 짝을 이루는 글자를 순식간에 여러 개 찾아냈다. 이 대칭성

은 중력에서 비롯되지 않았다. 어쩌면 일본어는 세로쓰기와 가로쓰기를 모두 사용하는 언어라서, 각각을 대체할 수 있는 대칭성이 존재한다는 가설로 수정해야 할까? 일본어 가타가나의 대칭성은 인위적이라서 더 재미있다!

문득 정신을 차리고 보니 내 몫의 고기는 어느새 싸늘하게 식어 있었다. 하지만 내 마음은 뜨거웠다. 문명의 상식에서 벗어났다는 감각이 영수증에 또렷하게 남아 있었다.

··• · 우리 행동을 지배하는 힘, '히스테리시스 현상'의 비밀

물리학자들의 회식 풍경은 물리와는 전혀 관계없는 일을 물리와 끼워맞추는 농담으로 웃음꽃을 피운다. 물리 용어는 아무래도 전문 지식을 가진 사람들이 주로 사용하는 언어이다 보니 마니아끼리만 통하는 이른바 업계 이야기로 웃음이 끊이지 않는다.

"프레젠테이션할 때, 스크린 앞에 서는 위치 말이야. 좀 애매하지 않아?"

"그러게, 오른쪽에 서야 하나, 아니면 왼쪽에 서야 하나?"

"자발적으로 터져주면 좋으련만. explicit이니까 말이야. 하하하!"

언제나 이런 식이다. 옆에서 들으면 무슨 귀신 씨나락 까먹는 소리냐며 눈살을 찌푸려도 할 말이 없다.

물리학자인 나는 문득 깨달았다. 어쩌면 물리학자의 머릿속은 이런 전문성으로 생활까지 채워져 있는 게 아닐까.

내가 대학원 박사 과정에 들어갔던 무렵의 일이다. 혼자 자취를 시작한 나는 평소에 연구실 동료나 선배와 같이 저녁을 때우고 들어왔다. 연구실에서 캠퍼스 밖의 밥집까지 다 같이 걸어갔다. 어느 날 나는 매번 같은 가게에 가는데, 가는 길과 오는 길이 다르다는 것을 깨달았다. 어느 길이나 거리는 같았다. 그런데 매번 가는 길에는 석재상 앞을 지나가고, 올 때는 주차장을 가로질러 왔다. 왜 그랬을까? 이 불가사의한 현상을 알아차린 나는 돌아오는 길에 생각에 잠겼다.

가는 길과 오는 길이 다르다는 현상은 놀랍지만, 그렇다고 이 현상을 친구에게 이야기하기에는 아직 대학원생이라도 명색이 물리학자인데 자존심이 상한다. 기이한 현상에는 분명 이유가 있다. 그 이유가 매우 광범위한 현상에 적용 가능한 경우, 설명하는 이론은 '아름다운 이론'이라는 이름으로 불릴 자격이 있다.

나는 필사적으로 생각했다. 그리고 가는 길과 오는 길을 머릿속에 지도로 그려보았다. 그리고 문득 그 그림이 어느 자성(magnetism) 교과서에 실린 그래프를 쏙 빼닮았다는 사실을 깨달았다.

"히스테리시스였어!"

"우리 단골 밥집은 히스테리시스였어!"

히스테리시스(hysteresis)란 자석을 만들 때 사용되는 물리 현상으로 '이력(履歷) 현상'이라고 부르기도 한다. 자석이 아닌 강철에 다른 강한 자석을 붙이면, 그 강철이 자석이 된다. 붙였던 강력한 자석을 떼도 강철은 자성을 계속 띠고 있다. 다시 말해 자성이 없던 원래대로 돌아가지 않고 자석을 한번 갖다댔다는 지금까지의 이력을 강철이 '기억'하고 있다. 이 현상을 '히스테리시스'라 부른다.

재미있게도 N극과 S극이 뒤바뀐 강력한 자석을 그 강철에 다시 갖다댔다가 떼어내면 이번에는 강철이 N극과 S극이 거꾸로 된 자석이 된다. 강철이 자석이 되었을 때, 어떠한 방향으로 강력한 자석을 갖다댔다가 떼어내는지 이력에 따라, N극과 S극의 방향이 결정된다. 이와 같은 이력 현상을 이용해 자석이 만들어진다.

밥집 이야기로 돌아가자. 가는 길은 연구실에서 출발한다. 반면 돌아오는 길은 밥집에서 출발한다. 이력이 달라진다. 같은 지도 위에서 움직여도, 출발점과 도착점이 바뀌기만 해도 경로가 달라진다. 우리의 매일 밤 행동은 히스테리시스 현상에 지배받고 있었다.

깨달음을 얻은 후 나는 히스테리시스 현상을 나와 친구들의 행동에 적용해 탐구하는 데 학창 시절을 쏟아부었다. 내 방에서 화장실까지 간다. 가는 길과 오는 길이 같았는지 확인한다. 자전거로 영화를 보러 간다. 같은 길을 오고 갔는지 습관적으로 확인한다.

이러한 활동은 물리학자의 전형적 행동 양식이다. 기이한 현상을 발견하면 일단 어느 정도 범위에서 발생하는 현상인지를 실험으로 관측 조사한다. 그리고 그 통계 정보 배후에 숨은 이론 가설을 세우고, 그 이론에서 끌어낸 새롭고 신기한 현상을 예측한다. 히스테리시스 현상을 설명하는 내 이론 가설은 "인간은 똑바로 나아가고자 하는 본능이 있다"였다. 이 이론으로 예측한 경로를 무의식적으로 선택했음을 발견한 순간, 내가 히스테리시스 길이라고 이름 붙인 밥집으로 가는 길목에서 혼자 두 팔을 번쩍 들고 만세를 불렀다.

히스테리시스 행동 현상과 그 이론을 깨닫고 나서 이 이론은 내 머릿속에서 떠나지 않았고, 인간의 온갖 행동 배후에 숨은 물리 이론을 탐구하는 게 일상이 되었다. 그리고 인간의 인생 자체가 부지불식간에 단순한 물리 이론에 지배받고 있다는 생각을 품고 살아가게 되었다.

어쩌면 병일 수도 있다. 만약 사회적으로 받아들여질 수 있는 용어가 있다면, 직업병이 아닐까. 어쨌든 이 병에 걸리면 완치될 수 없다. 병이 머릿속에 단단히 똬리를 틀고 한몸이 되어 살아간다. 그리고 '지울 수 없는' 이 현상 자체가 자성의 히스테리시스와 같다. 요컨대 강력한 자석의 기운을 맛보고 나면 본래의 강철로 돌아가지 못하듯 히스테리시스라는 자성 현상이 인생의 배후에 있을 수도 있음을 자각하고 나면 예전의 나로 돌아갈 수 없다. 히스테리시스라는 자성 현상으로 이것을 설명할 수 있다.

나는 인생을 끝마칠 때까지 이 루프에서 벗어나지 못하겠지.

히스테리시스 곡선

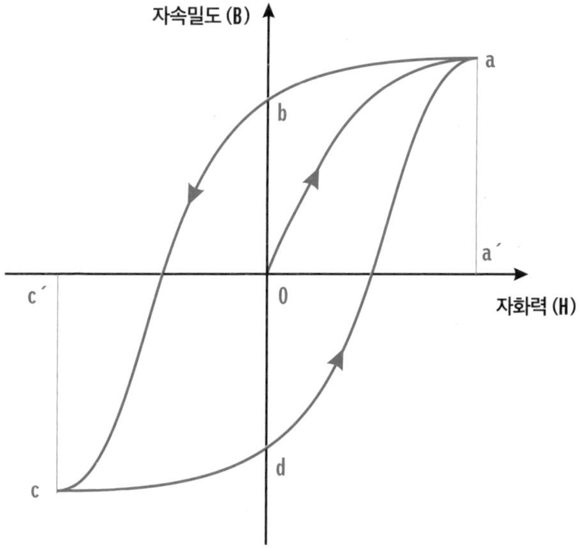

과학의 세계에는 '어려운 전문용어'가 존재한다. 이렇게 말하는 나는 '초끈이론'이라는 생소한 분야를 연구한다. 우리가 사는 우주는 모두 작은 '초끈'으로 이루어져 있다는 물리학 가설이 내가 연구하는 '초끈이론'이다.

과학에는 매력적인 전문용어가 넘쳐난다.

내 전공인 이론물리학에 가까운 분야의 예를 들면 '초(超)'가 붙는 단어만 해도 '초전도 물질', '초고진공', '초월수', '초함수', '초기하 미분방정식', '초곡면', '초개체', '초유동 물질' 등 주워섬기기 힘들 정도로 많다. 어느 것 하나 매력적이지 않은 개념이 없다.

물론 '초'라는 접두사가 '매력'의 기준은 아니다. '대통일 이론'이나 '범함수 재규격화 군(Functional renormalization group)', '무한 다중적분', '큰 분배 함수(Grand Partition Function)' 등 묵직한 존재감을 과시하는 용어들이 대거 포진하고 있다.

물론 멋지다는 건 어디까지나 개인적 감성에 바탕을 둔 것이고, 내 직업이 이론물리학자이다 보니 어느 정도 편견이 작용했을 수도 있다. 그러나 수많은 SF 작품에서 이런 '멋진 전문용어'를 다양하게 사용하고, 이론물리학자가 아닌 여러 독자들이 SF 작품을 즐긴다. 그러니 내 주장에 어느 정도의 일반성이 있다고 기대하고 싶다.

과학의 전문용어에 유독 멋진 용어가 많은 이유는 두 가지로 추정할 수 있다.

첫째, 과학은 새로운 현상과 개념을 발견하는 학문이라 기존의 개념을 '초'월하거나 확'대'하는 등의 과정을 필연적으로 거쳐야 한다. 그래서 자연스럽게 '멋진' 용어들이 만들어진다.

둘째, 과학자가 실제로 과학적 발견 과정에서 자신이 발견한 현상에 스스로 이름을 붙이는데, 그 이름이 과학 커뮤니티에 퍼지려면 필연적으로 많은 과학자를 매료하는 용어일 필요가 있다. 그래서 의도적으로 과학자들이 매력을 느낄 만한 용어를 발명할 수도 있다.

그리고 이런 과정을 거치며 자연도태가 일어나 멋진 전문용어는 살아남고 상대적으로 덜 멋진 평범한 용어는 과학계에서 사라진다.

'초끈이론'의 '초'는 본래 이 가설에서 생각한 작은 끈이 '초대칭성'이라는 성질을 가지고 있기 때문에 붙여진 이름이었다. 그렇다면 '초대칭성'이란 무엇인가? 허다한 대칭성 중에 우리가 흔히 아는 회전과 병진의 대칭성을 수학적으로 조금 확대한 개념으로, 다른 소립자 사이의 관계를 부여하는 대칭성이다. 다시 말해 어떻게 종래의 대칭성을 '초월'했는지는 단어만 봐서는 전혀 알 수 없다.

'초대칭성'이라는 용어는 과감한 작명법이 과학계에 널리 정착된 예라고 할 수 있다.

예전에 일하던 연구소에서는 그곳의 시설을 일반인들에게 공개하는 날이 있었다. 연구자들이 칠판을 활용해 연구 내용을 일반인 참관자들에게 보여준다는 기획이었다. 연구원의 이력과 직함을 줄줄이 읊어봤자 일반인들에게는 먹히지 않을 듯싶어 이름과 함께 게임 캐릭터처럼 '필살기'를 소개하기로 했다.

"안녕하세요. 저는 하시모토 고지입니다. 필살기는 멤브레인 액션(Membrane action)입니다!"

이런 식으로 자기소개를 했다. 과학 전문용어를 쉬운 일본어로 풀어쓰지 않고 영어 그대로 쓰면 희한하게 게임 '필살기'처럼 들린다.

"Super symmetric Grand Unified Theory vs. conformal bootstrap!"

(무슨 소린지는 모르지만, 이렇게 이야기하면 세기의 대결처럼 느껴져 청중들은 흥분했다.)

자신이 생각해낸 새로운 개념과 현상에 이름을 붙이는 권리는 과학자의 특권이라고 느껴왔던 터라 아내에게 넌지시 물어보았다.

"여보, 사람들이 언제 이름을 붙일까?"

"당신이 태어났을 때도 누군가 이름을 지어주었잖아."

역시, 마나님의 말씀대로다. 아이가 태어날 때 이름을 짓는 건,

아기라는 살아 있는 존재를 이 세상에 알리는 첫 행동일 수 있다.

"아, 그러고 보니 당신은 학교 서버(컴퓨터)에도 이름을 붙였지?"

난데없는 질문이 날아들었다. 나는 스마트폰에는 이름을 붙이지 않아도 서버에는 이름을 붙여준다. 아마 인간이 보기에 서버가 스마트폰보다 더 '살아 있다'는 느낌을 받을 수 있는 대상이기 때문이 아닐까. 인터넷 서버는 내가 자는 동안에도 일하고, 외부 네트워크에서 호출해도 응답한다. 그래서 이름이 없으면 섭섭하다.

딸아이가 인형에 하나하나 이름을 붙여주던 모습을 떠올렸다. 인형마다 제각기 다른 이름을 지어주었다. 왜 그런 이름을 붙였는지 물어보았더니 종알종알 끝없는 설명이 이어졌다. 나름 논리적으로 작명 이유를 설명하는 아이의 말투에서 자부심이 느껴졌다. 어느 이름에나 합당한 이유가 있고 그래서 그 이름을 붙여주었단다.

작명이란 이처럼 책임을 동반하는 행위다.

내 연구로 뜻깊은 발견을 이룬 순간에는 때로 직접 이름을 짓는다. 그리고 흐뭇하게 웃는다. 내 이론이 사랑스러워서 눈에서 꿀이 뚝뚝 떨어진다.

그래, 초대칭성이라는 용어도 이런 식으로 생겨났을 수 있겠구나.

2012년의 일이다. 오사카 도심에서 떨어진 어느 역에 내렸을 때, 역 앞에 서 있는 '셀시(SELCY)'라는 별난 이름의 건물 외관에 마음을 빼앗겼다. 구불구불한 모양의 건물은 마치 살아 있는 생물 같았다. 중심 무대를 둘러싸고 늘어선 계단과 통로와 상점은 로마의 콜로세움처럼 보였다. 1970년 오사카 만국박람회 당시 기괴한 분위기의 '태양의 탑'이라는 작품으로 유명해진 오카모토 다로(岡本太郎)의 작품을 연상시키는 독특한 구조에 가슴이 설렜다.

도심을 약간만 벗어나도 어떤 역에 내리든 상점가와 아케이드, 동네 주민들이 생활하는 익숙한 환경이 눈 앞에 펼쳐지리라 기대했다. 그런데 그 역은 내 예상을 살짝 벗어났다.

몇십 년씩 이론물리학자로 살다 보니 기발한 것들만 보면 껌뻑 죽게 된다. 세상에는 이미 설명 가능한 것이 차고 넘치기 때문이다. 과학은 이미 충분히 발달해서 우주의 다중적이고 다양한 현상 대부분을 모조리 설명해준다. '우주의 모든 것을 지배하는 수식'이라고 내가 멋대로 이름 붙인 기초 방정식도 존재한다.

오사카에서 자란 나는 대학생 시절에는 우메다(梅田)나 난바(難波)처럼 오사카를 대표하는 도심지를 휘적휘적 둘러보고 '오사카는 이런 곳이구나'라는 선입관을 머릿속에 입력하고 인생을 살았다. 2012년에 오사카대학교에 부임하기 직전에 살던 곳을 찾아보려고 충동적으로 내린 역. 구불구불하고 기발한 건물과 풍경을 가득 채운 남녀노소의 활기찬 미소가 나를 반겨주었다.

구불구불한 건물은 상점을 효율적으로 배치한다는 목적을 고려하면 불필요한 설계다. 도대체 무슨 의도로 이런 기발한 모양의 건물을 지었는지 설계한 사람에게 묻고 싶어졌다.

문득 정신을 차리니 보기 좋게 덫에 걸려 허우적대는 내 모습이 있었다. 충동적으로 낯선 동네에 발을 들여놓고 완전히 넋이 나갔다.

기발한 건물은 계단이 많은 아케이드 상점가로 이어져 있었다. 지금 내가 몇 층에 있는지 파악하기 어려운 재미난 구조의 상점가. 건물은 깊은 숲의 오솔길로 직통으로 이어지는 구조로 구불구불한 나무들로 이루어진 풍요로운 자연과 합류했다. 꼬불꼬불 어린이들이 뛰어노는 오솔길은 알록달록한 꽃과 나무들로 채워져 있었다.

일본 최초 노벨상 수상자인 이론물리학자 유카와 히데키(湯川秀樹)는 이런 말을 했다.

"자연은 곡선을 창조하고 인간은 직선을 창조한다."

일반적인 건물이 직선인 건 인간이 만들었기 때문이고 나무들이 곡선을 그리며 자라는 건 자연이 만들었기 때문이라는 말이다. 그리고 인간도 구불구불 낭창낭창 곡선을 그린다.

이 대목에서 한 가지 의문이 생긴다. 우주의 자연법칙은 간결하다. 애초에 직선적이다. 예를 들어 '관성의 법칙'이란 힘이 가해지는 물체는 등속 직선 운동을 계속하려 한다는 물리 법칙이다. 즉 대개 물체의 운동은 직선적이다. 인간이 만들어낸 형상은 그 간결한 법칙을 그대로 이용하기에 직선적이다. 그렇다면 왜 그 직선적인 자연법칙에 지배되는 자연은 '곡선을 창조'할까?

법칙은 직선적이라도 몇몇 법칙을 연결하면 복잡하고 예상할 수 없는 곡선이 만들어진다고 알려져 있다. 가령 진자를 상상해 보자. 진자는 줄 끝에 추를 매달아 좌우로 왔다 갔다 하게 만든 물체다. 진자가 그리는 운동은 구불구불하지 않고 매우 규칙적이다. 운동 자체는 원 운동의 일부이나 진자가 그리는 선은 직선적이다. 다시 말해 규칙을 발견하기 쉽다. 진자 앞에 진자 하나를 추가하면 어떻게 될까? 이 '이중 진자'는 전혀 예상하지 못한 운동을 일으킨다. 자연계에서나 볼 법한 구불구불한 움직임이다. 정신없이 뛰어노는 어린이들의 운동과 닮았다.

이중 진자 운동을 과학자는 '카오스'라 부른다. 카오스란 아주 조금이라도 운동이 어긋나면 이후 운동이 완전히 달라지는 현상을 가리킨다. 구불구불함의 정체는 바로 이해할 수 없는 규칙, 즉 카오스다. 카오스는 복수의 규칙으로 간단하게 생성된다. 그래서 자연에는 구불구불한 형상이 많다.

처음 본 구불구불한 건물이 왜 매력적으로 보였을까? 그 이유는 누군가 어떠한 목적으로 그 건물을 지었음에도 나는 그 형상의 규칙성을 바로 이해하지 못했기 때문이다. 이해할 수 있어야 할 텐데 이해할 수 없었다. 거대한 건물이라는 문제가 제시되었을 때 나 같은 물리학자는 그 문제를 직성이 풀릴 때까지 즐길 수 있다. 건물과 직결된 오솔길의 풍요로운 자연도 완전히 똑같은 문제다. 나무들이 창조한 곡선, 어린이들의 운동이 창조한 곡선도 역시 멋진 문제다.

이 동네를 우리 가족의 보금자리로 삼기로 결정했다. 그로부터 몇 년이 흘렀을까. 가족과 구불구불함을 즐기며 행복하게 살고 있다.

· · ● · "당신 인생은 카오스 같네요"라는 말을 듣고 기뻐 춤추는 까닭

"네가 하는 말은 완전 카오스야."

이런 말을 들으면 누구나 울컥하지 않을까. 일반적으로 '카오스'라는 단어가 주는 인상이 상당히 부정적이기 때문이다. 사전을 펼쳐도 '카오스'는 무질서, 혼돈, 혼란 등으로 풀이되어 있다. 자기 힘으로 통제할 수 없는, 어찌할 수 없는 엉망진창 상태에 가까운 인상이다.

하지만 무턱대고 부정적으로 생각하기 전에 잠시 '카오스'의 개념을 이해하고 나서 웃어야 할지 울어야 할지를 정하는 게 낫지 않을까. 만약 누군가가 나에게 "당신 인생은 카오스 같네요"라고 말한다면 나는 뛸 듯이 기뻐하며 덩실덩실 어깨춤을 출 테니 말이다. 물론 나는 혼란을 즐기지 않는다. '카오스'라는 개념에 대한 인상이 일반 사람들과 다를 뿐이다.

내 전문 분야인 물리학이란 과거의 상태를 알고 미래를 예측하는 학문이다. 시간이 흐르면 어떤 식으로 변할지, 그 변화를 예측하는 게 물리학의 임무다. 이렇게 말하고 보니 미래 일을 훤히 내다보는 척척박사처럼 들리는데, 물론 미래 예측에는 넘어야 할 난관이 있다. 물리학에서 말하는 '카오스'다.

물리학에서 다루는 대상은 카오스적인 대상과 카오스적이지 않은 대상으로 나눌 수 있다. 카오스적인 대상은 두 가지 성질을 겸하고 있다. 첫째, 초기 조건의 민감성. 둘째, 에르고드성(ergodicity)이다. 말로 하니 어려운데 알고 보면 간단한 이야기다. 인생에 비유하면 조금 더 이해하기 쉽다.

카오스의 첫 번째 성질인 초기 조건의 민감성이란 최초의 상태를 아주 약간만 바꾸어도 결과가 극적으로 달라진다는 가설이다. 산꼭대기에 공을 살포시 내려놓았다고 상상해보자. 공을 살짝 동쪽으로 밀지 서쪽으로 밀지에 따라 굴러가는 방향이 완전히 달라진다.

우리 인생도 돌이켜보면 산꼭대기의 공과 같은 순간이 몇 차례나 있었다.

'그때 그렇게 했더라면.' 이처럼 만약 다른 선택을 했더라면 어떻게 되었을지를 상상할 때가 있다. 아주 약간만 다른 판단을 해도 인생이 완전히 다른 방향으로 흘러갈 수 있다.

물론 세월이 지난 후에야 그때가 인생의 결정적 순간이었음을 깨닫게 될 뿐, 그 당시에는 알 길이 없다. 즉 이 순간도 카오스의 순간일 수 있다는 말이다.

카오스 이론을 알고 나면 카오스가 아닌 인생은 시시하다. 카오스가 아닌 물리 시스템은 같은 구간을 영원히 빙글빙글 도는 시스템이다. 안타깝게도 물리에는 시간의 끝이 없다. 정말로 영원히 맴돈다. 카오스의 초기 조건 민감성이 있기에 인생을 즐길 수 있는 것이다.

카오스의 두 번째 성질인 에르고드성은 '온갖 가능성을 실현할 수 있다'는 가설이다. 위상공간 중의 한 점이 에너지가 같은 면 위를 구석구석 운동하는 성질을 설명하는 용어다. 시간이 가면 어떠한 가능성이라도 시험할 수 있다고 생각하면 인생이 이보다 더 좋을 수 없다.

유명한 카오스 시스템의 예로 이중 진자 실험이 있다. 일반적인 진자는 정해진 구간을 왕복 운동할 뿐이라 카오스가 아니다.

영구히 같은 구간을 오가는 따분한 운동이다. 그러나 진자 아래에 진자 하나를 추가하기만 해도 카오스 운동으로 변한다. 위의 진자 주위를 아래 진자가 빙글빙글 돌기도 하는 등 관찰자가 질리지 않도록 다양한 운동을 보여준다. 그리고 순간순간의 이중진자 형태를 살펴보면 다양한 형태를 그리며 움직인다는 것을 알 수 있다. 이 현상이 에르고드성이다.

인간의 인생은 유한하다. 한 번뿐인 인생이라는 말도 지겹도록 듣고 있다. 만약 인생이 카오스적이라면 시간만 허락된다면 자신의 온갖 가능성을 시험해보며 살 수 있다. 이 얼마나 멋진 인생인가.

흥미롭게도 같은 물리 시스템에서도 카오스를 발생시키려면 에너지가 일정 수준 이상으로 높아져야 한다. 인생을 카오스적으로 만들려면 일정 수준 이상의 에너지가 필요한 셈이다. 만약 인생이 카오스라면 모험은 아주 약간의 '외도'로 충분하다. 아주 작은 한 걸음이 아주 먼 훗날에 인생을 완전히 뒤바꿔어놓을 수도 있다.

물리학자인 내가 이렇게 수필을 쓰는 것도 카오스의 초기 민감성을 약간 바꾸는 '카오스' 실험이라 앞으로 내 인생이 어떤 식으로 전개될지 흥미롭게 지켜보고 있다. 어차피 내 인생이니 흥미롭게 지켜보지 않을 수 없다.

카오스적인 인생을 위하여. 건배!

···• · 현미밥 구멍과 게 구멍이 거의 같을 수밖에 없는 물리학적 원리는?

어느 추운 날 아침이었다. 아침을 지으려고 어젯밤 준비해둔 전기밥솥을 열어보니 안쳐둔 현미밥 표면에 서른 개가량 구멍이 송송 뚫려 있었다. 이게 무슨 일이람? 왜 구멍이 생겼을까?

각 구멍의 지름은 젓가락 굵기 정도, 마치 젓가락으로 밥 표면을 서른 번 정도 찌른 모양새였다. 아내에게 물으니 굳이 다 된 밥을 젓가락으로 서른 번이나 찔러 뚜껑을 닫아두는 기괴한 행동을 할 리가 있겠냐며 오히려 핀잔 섞인 반응이 돌아왔다. 듣고 보니 맞는 말이었다.

'현미밥에 구멍'이 생긴 이유를 고찰해보았다.

① 하강류 가설 : 밥을 짓는 도중에 밥솥 안에서 밥물이 움직이며 현미 입자를 움직이는 열의 대류 현상이 발생했다. 그로 인해 그 부분이 침식하며 소용돌이를 형성해 밥이 다 지어졌을 때 소용돌이가 구멍 형태로 남았다.

② 상승류 가설 : 물이 끓으며 쌀알 사이에 수증기 방울이 지

나간 자리가 구멍으로 남았다.

만약 ①번 가설이 옳다면 현미 낱알 전체가 만드는 유체 역학 문제가 된다.

②번 가설이 옳다면 전기밥솥 안의 내솥 바닥에서 발생하는 수증기 방울이 주범이 된다. 따라서 밥솥을 데우기 위한 내솥 아래의 전열기 장착 위치가 현미 구멍이 생긴 위치와 맞아떨어져야 한다. ②번 가설을 검증하려면 일단 전열기 모양을 확인해야 했기에 내솥을 끄집어내 바닥을 관찰했다.

'흠. 전열기가 보이지 않는군.'

열이 골고루 전달되도록 전열기는 전도율이 좋은 바닥 아래에 숨겨져 있었다.

'어이쿠, 얼마 전에 쓸만한 밥솥으로 새로 장만했었지. 나쁘지 않은 가설이었는데 안타깝게 됐군. 쯧쯧. 그렇다면 현미 구멍 배열을 보고 전열기 모양을 추측해야겠군.'

그래서 나는 배가 고프다고 아우성치는 아이들의 뾰로통한 얼굴을 애써 외면하며 가족에게 현미밥을 그대로 보존하라는 계엄령을 선포했다. 내솥 가장자리에 눌어붙은 현미를 조심조심 밥주걱으로 파내 구멍이 안까지 이어지는지를 확인했다. 그리고 요즘 SNS에서 흔히 '항공샷'이라고 부르는 각도로 스마트폰을 이용해 내솥의 사진을 찍어두었다. (90쪽 위 사진)

실험 결과 기록에 성공했으니 이제 즐거운 해독 시간이다. 우선 사진을 컴퓨터로 불러와 확대한다. 구멍으로 짐작되는 위치에 포토샵을 이용해 동그라미를 그려보았다. 제법 촘촘하게 배치되어 있다. 이어서 근접한 구멍을 선으로 이어보기로 했다. 현미 구멍이 어쩌면 벌집처럼 육각형 구조로 늘어서 있을 수도 있다고 예상했다.

이 예상은 '레일리 베나르 대류(Rayleigh-Benard convection)' 등 다양한 물리적 고찰에서 비롯되었는데, 설명이 길어질 수 있으니 여기서는 생략한다. 어쨌든 선으로 이어보니 애석하게도 아름다운 다각형 형태와는 거리가 먼 모양이 만들어졌다. (90쪽 아래 사진) 어찌 된 영문일까?

백지장도 맞들면 낫다고 했으렷다. 이럴 때는 집단 지성에 물어보자. 트위터에 글을 올렸더니 순식간에 온갖 추측, 의견, 가상 실험 결과가 쏟아져 들어왔다. 위대한 집단 지성의 힘이여!

"아, 이 구멍은 '게 구멍'이라고 부르는데 밥이 맛있게 지어졌다는 증거입니다."

요리에 일가견이 있어 보이는 분이 달아준 댓글을 보고 호기심이 발동했다. 진짜 게가 판 구멍은 어떤 분포를 보일지 신경이 쓰였다. 집단 지성에 병정게(학명 Mictyris brevidactylus)가 뚫어놓은 구멍 사진을 제공하는 사람(https://twitter.com/drnyao)이 홀연히 등장해 잽싸게 구멍 배열을 분석해 선으로 이어보았다. (91쪽 위 사진)

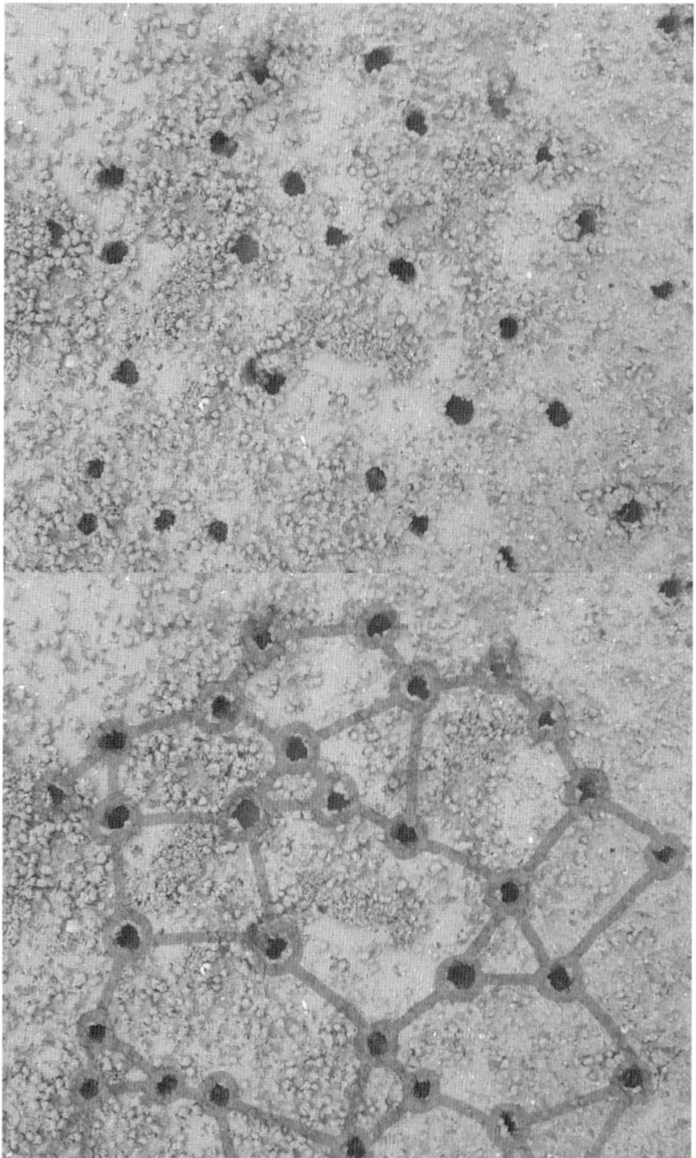

아쉽게도 구멍 배열 법칙은 판명되지 않았다. 다만 현미밥 구멍과 게 구멍이 제법 닮았다는 사실을 확인할 수 있었다.

음, 어떤 법칙이 작용해 저런 모양으로 배열되었을까? 혹시 화산 배열과 닮았을까? 아니면 지도상의 우물의 배열과 비슷할까? 그것도 아니면 손등의 모공 배열?

오늘 밤도 잠들기는 글렀다.

다코야키 반지름과 장수풍뎅이 크기에 상한이 존재하는 이유

오사카에서는 일요일 점심에 다코야키를 먹는 것이 관습처럼 정해져 있다. 얼마 전 새로 장만한 우리 집 다코야키 구이용 팬은 세로 4구, 가로 6구짜리로 24개를 동시에 구울 수 있는 뛰어난 성능을 자랑한다. 다만, 가로 6구 중 가장자리 2구는 불판 전도율이 떨어지는지 노릇노릇하게 구워지지 않아 아쉽다. 그래서 불판의 실효 면적은 4×4 = 16개로 잡을 수밖에 없다. 다코야키를 구우려면 시간과 정성이 필요하다.

물리 연구에서 가장 중요한 것은 주어진 시간에 문제를 푸는 게 아니라 적절한 문제를 제시하는 것이다. 적절한 문제 제시야말로 물리 연구 발전의 90퍼센트를 차지한다고 해도 지나친 말이 아니다. 그런 의미에서 나는 오늘 아내에게 완패했다. 아내가 말했다.

"다코야키를 큼직하게 구울 수 있게 팬의 구멍을 크게 만들어 주면 안 되나? 크기를 조절할 수 없어서 은근히 짜증 난단 말이지."

충격으로 머리가 멍해졌다. '크게 굽는다'는 발상 자체가 내 머릿속에 없었기 때문이다. 나는 4×4개의 다코야키를 어떻게 빨리 구울지를 해결하는 데에만 정신이 팔려 있었기에 열이 잘 전달되지 않는 불판 가장자리에 반죽을 흘려 넣는다는 터무니없는 해법을 시도해보려던 참이었다. 왜 나는 아내처럼 기계를 개량할 생각을 하지 못했던가. 머리를 한 대 얻어맞은 듯한 충격에 휩싸였다.

이 "다코야키 반지름에는 왜 상한이 존재하는가?"라는 물음에 "한입에 먹기 좋은 크기로 굽기 위해서"라고 대답하기는 간단하다. 그렇게 대답하기 전에 잠시 물리적 이유가 존재하지 않는지 생각하는 게 올바른 물리학자의 자세가 아닐까. 나는 생각을 거듭했다. 왜 이 세상에는 반지름 2센티미터 이상의 다코야키가 존재하지 않을까?

다코야키의 본질이 그 존재의 조건을 규정하고 있을 터이다. 다코야키의 본질이란 무엇인가? '겉바속촉', 즉 겉은 바삭, 속은 촉촉한 식감이다. 다코야키의 표면은 노릇노릇하게 구워져야 입안에서 바삭하게 부서진다. 한입 베어 물면 입안에서 바삭한 표면이 으깨지며 안에 든 '촉촉한' 반죽이 사르르 녹아내리는 게 다코야키라는 음식이다. 우리 혀가 느끼는 이 식감이 다코야키라는 음식의 본질이다. 다코야키에서 식감이 차지하는 비중이 얼마나 중요한지는 다코야키를 먹어본 사람이라면 누구나 알고 동의하는 사실이다. 그러므로 안이 촉촉하고 녹진한 식감이 다코야키의 크기를 규정한다는 사실에는 의심의 여지가 없다.

그렇다면 다코야키 속은 왜 촉촉할까? 왜 다코야키 반지름에는 상한이 있을까? 이 물음에 답하기 위해서는 다코야키의 구조를 이해해야 한다. 그래서 나는 다코야키와 곤충 크기 사이의 공통점을 찾기로 했다. 장수풍뎅이나 딱정벌레처럼 앞날개가 딱딱한 초시류 곤충의 크기에는 상한이 있다. 크기는 장수풍뎅이를 기준으로 뿔을 제외한 몸통 부분은 단면을 생각하면 커봤자 반지름 2센티미터 남짓이다. 다코야키나 장수풍뎅이나 크기만 놓고 보면 별 차이가 없다. 어린 시절 머리에 쥐가 나도록 이름을 외웠던 헤라클레스 장수풍뎅이처럼 덩치가 큰 장수풍뎅이라고 해도 역시 몸통 둘레의 반지름은 2센티미터에서 3센티미터 사이다. 과연 우연일까?

딱정벌레목 곤충은 외골격이 갑옷처럼 단단한 껍데기로 둘러싸여 있어 한자로 갑충(甲蟲)이라고 부른다. 몸 표면을 딱딱한 껍데기로 감싸 전체 체중을 떠받치는 구조다. 곤충의 몸 내부는 다양한 기관이 자유롭게 움직일 수 있는 구조를 확보해야 하는데, 모든 내장 기관을 지탱하려면 주위의 단단한 껍데기가 필요하다. 표면이 단단하고 안이 말랑말랑하다니, 다코야키와 같은 구조가 아닌가!

이 발견으로 유추했을 때 다코야키를 크게 만들려면 과거 곤충의 진화 과정을 참고할 필요가 있다. 실제로 거대한 곤충 화석이 발견되어 거대 곤충이 존재했던 이유를 규명할 수 있다면, 다코야키 거대화에 성공할 수 있다. 물론 다코야키 거대화 프로젝트는 거대 다코야키를 판매하는 사업에 나서 한몫 단단히 챙기겠다는 쩨쩨한 이야기가 아니다. 순수하게 다코야키의 반지름에 왜 상한이 존재하는지를 묻고, 그 질문에 대한 답을 과학적으로 규명하는 과정 자체가 보상이다. 일 자체가 보수라는 셜록 홈스처럼!

자료를 찾아보니 태곳적 곤충이 거대해진 데에는 이유가 있었다. 지구 대기의 산소 농도가 높아졌고, 곤충의 관절 구조가 변하며 몸집이 거대해졌기 때문이다. 그래, 산소 농도를 높이면 다코야키를 거대하게 만들 수 있겠구나!? — 아차, 그럴 리가 없지. 다코야키에는 관절이 없구나. 즉 곤충이 옛날 옛적에 거대화한 이유와 다코야키 반지름의 상한에는 관계가 없다.

이 정도에서 물러설 내가 아니다. 다코야키 반지름에 상한이 존재하는 이유에는 근본적으로 구조적인 문제가 있다는 가설을

한입에 다코야키를 베어 물려면 겉이 너무 두꺼우면 곤란하다. 적당한 두께를 유지하며 내용물이 흘러나오지 않도록 형태를 유지하려면 반지름에 상한이 있어야 한다.

세웠다. 새로운 가설에 따라 이런저런 기억을 더듬어보니 곤충 크기의 상한은 외골격의 문제라는 논의가 있었다는 사실이 떠올랐다. 인간처럼 신체 내부에 골격을 가지고 있는 것이 아니라 외골격으로 표면을 덮어 몸을 지탱하는 구조라면 체구가 커질수록 체중에서 골격이 차지하는 비율이 너무 커져 생태적으로 손해라는 이야기였다.

다코야키의 본질은 입에 넣고 한입 베어 물었을 때, 안에서 '촉촉하고 녹진한' 반죽이 쏟아져 나오는 식감이다. 다시 말해 한입에 베어 물려면 겉이 너무 두꺼우면 곤란하다. 적당한 두께를 유지하며 내용물이 흘러나오지 않도록 형태를 유지하려면 반지름에 상한이 있어야 한다. 그렇다면 이 겉 표면의 두께를 유지하면서 다코야키 반지름을 늘릴 수는 없을까? 이 질문이야말로 진정한 혁신의 순간이 아닐까.

나는 순간적으로 답에 도달했다. 갑충은 거대화하기 위해 몸을 평편하게 만들었다. 커다란 지네로 대표되듯 곤충은 몸을 평편하게 만들어 외골격이 떨어진 두 점 사이의 거리를 최소한으로 유지하면서 거대화할 수 있었고, 효과적으로 몸 내부에 버팀목을 만들어 어지간해서는 망가지지 않는 몸을 완성하지 않았을까? 흔히 물리학자끼리 '소를 구라고 가정해보자'라는 농담을 주고받는다. 이 농담이야말로 이번 다코야키 반지름 상한 문제의 풀이에 걸림돌이 되었다. 유레카, 일대 이노베이션이다!

나는 속으로 쿡쿡 웃었다. 드디어 풀어냈다. 그래서 이 몸의 대발견을 가족에게 발표했다. 평탄한 극한을 취하면 다코야키 반지름을 무한대로 만들 수 있다는 사실을 구구절절 설명했다.

그러자 아내가 말했다.

"그건 벌써 붕어빵이라는 이름으로 팔고 있거든."

··• · 물리학자는 어떻게 사고하는가?

물리학회 가는 길에 지인과 내가 주고받은 대화.

"회의장행 버스, 몇 명 타지도 않았는데 숨막혀 죽겠군."

얼마간 침묵이 흐른 뒤 내가 대답했다.

"유효 숫자* 1자리 60명."

다시 침묵이 이어지고 지인이 말했다.

"내일은 버스 타러 오늘보다 25분 일찍 오자."

물리학자들의 전형적인 일상 대화다. 일본 물리학회 회의장으로 가는 버스가 늘

* 유효 숫자(有效數字, significant figures)란 수의 정확도에 영향을 주는 숫자를 말한다. 모든 자리의 숫자가 0이 아닌 경우 모두 유효 숫자로 추정된다. 예를 들면 123.45는 다섯 개(1, 2, 3, 4, 5)의 유효 숫자를 가진다. 0이 아닌 숫자로 둘러싸인 자리의 0은 유효 숫자다. 예를 들면 101.12는 다섯 개(1, 0, 1, 1, 2)의 유효 숫자를 가진다. '유효 숫자 1자리 60명'이라면 '6'만 유효 숫자다. 반올림 범위에서 55~64명이 적절하다.

콩나물시루처럼 붐비는 것이 전형적이라는 말이 아니다. 대화 뒤에 도사린 '물리학적 사고법'이 전형적이라는 말이다.

일본에 있는 1만 명 이상의 물리학자는 많든 적든 물리학적 사고법이 습관화되어 있다. 이 사고법은 물리학 연구에서 필요한 기술이다. 다시 말해 과학 발전의 배경에는 과학자 특유의 사고법이 존재한다는 말이다.

이것을 '비결'이라고 말할 수 있을 것 같다. 업계 사람들은 다 알아도 일반인은 모르는 업계 비밀이나 원천 기술 비슷한 개념이다. 대학 물리학 강의에서도 사고법은 따로 가르치지 않는다. 그저 물리 각론을 수업할 뿐이다. 나도 물리학적 사고법을 교수님에게 배운 기억이 없다.

대학원에 들어가 혼자 연구 논문을 쓰게 되면서 비로소 비법을 직접 다루기 시작했다. 우선 선배나 교수님들이 연구하는 모습을 어깨너머로 보며 나만의 방법을 개발했다.

여기서는 물리학적 사고법의 비결을 아낌없이 공개하리라. 물리학적 사고는 크게 네 단계로 이루어진다. 문제 추출, 정의 명확화, 논리 연역, 예언. 이 네 단계를 거치며 사고함으로써 물리학 연구를 차근차근 진행한다.

앞에서 소개한 만원 버스 안에서의 대화는 이 물리학적 사고법에 입각한 문제 해결이었다. 이 사고법은 물리학 연구뿐 아니라 일상의 다양한 상황에서 유용하게 활용할 수 있다.

비결 1: 문제 추출

문제는 일반적으로 다중적이고 다양하기에 적절한 문제를 추출해야 한다. 여러 문제를 한꺼번에 해결할 수 있는 문제로 정리하는 방법과 자신의 전문성으로 해결할 수 있는 문제로 나타내는 방법이 있다.

예를 들어 버스에서 오간 지인과의 대화를 살펴보자. '죽겠군'이라는 부분은 의학부에 맡기고, '숨이 막힌다'는 표현은 문학부에 맡긴다. 자연과학부용으로 추출된 문제는 '버스 한 대에 사람을 태울 때 몇 명까지 탈 수 있을까? 유효 숫자 한 자리로 답하시오'가 된다.

비결 2: 정의 명확화

문제에 존재하는 애매한 표현이 과학에 방해가 되므로 적절한 정의가 필요하다. 상식에 얽매이지 않고 아슬아슬하게 궤도를 벗어나지 않는 수준의 정의가 필요하다. 그리고 자신의 전문분야(자연과학부라면 계산)로 해결하기 쉽게 정의해야 한다.

가령 버스에서 오간 지인과의 대화를 적용해보자. '버스'는 '3×10×2미터인 직육면체'라고 정의한다. '사람'은 '질량 70킬로그램인 물로 이루어진 구'라고 정의한다. 그러면 지인의 발언을 자연과학부 언어로 번역하면 '3×10×2미터의 직육면체에 질량 70킬로그램인 물로 이루어진 구를 채우면 구는 몇 개 들어갈까? 유효 숫자를 한 자리로 답하시오'가 된다.

비결 3: 논리 연역

문제가 정의되면 문제 풀이에 들어가야 한다. 물론 풀이에도 비법이 있다. 오로지 그 문제 풀이에 집념을 불태워야 한다. 자신의 전문성이 크게 빛을 발하는 순간이다.

나는 머릿속으로 계산해 지인이 문제를 낸 지 30초 만에 유효 숫자 한 자리로 60개의 구가 들어갈 수 있다는 결과를 얻어냈다. 여기서 계산 방법을 구구절절 늘어놓아 여러분을 따분하게 만들지는 않으련다.

비결 4: 예언

물리학에서 가장 중요한 부분은 이론에 입각한 예언과 실증이다. 자신의 계산과 이론에 따라 실제 실험과 관측으로 실증해 이론의 정당성을 검증하는 과정이 바람직하다.

마지막 지인의 발언 "내일은 버스 타러 25분 일찍 오자"는 물론 예언이다. 지인은 머릿속으로 내 계산 결과인 '60명'이라는 숫자와 학회 회의장에 모이는 물리학회 회원 수 그리고 버스가 몇 분 간격으로 출발하는지 등의 숫자를 조합했을 터이다.

지인의 마지막 발언 후 나는 히죽 웃었다. 내 머릿속에서는 '32분'이라는 답이 나왔고, 그 답이 지인이 말한 답과 얼추 일치했기 때문이다. 물리학적 사고법은 우아함을 경쟁하는 종목이다. 서로 다른 두뇌로 문제를 풀어 찾아낸 답이 일치한 순간, 그 문제와 답에 찬사가 쏟아진다.

다음 날 아침, 나는 32분 전에 버스 정류장으로 나섰다. 지인은 아직 오지 않았다. 나는 또 싱긋 웃었다.

그런데 이게 웬일인가. 버스 정류장에는 벌써 긴 줄이 늘어서 있었다. 25분 전에 온 지인과 함께 만원 버스에 올라탔다.

"어제 근삿값 추정, 어딘가 오류가 있었나?"

"그러게, 유효 숫자가 문제였나?"

"아니면, 구를 근사로 잡은 게 문제였나?"

이렇게 물리학적 사고법은 단련된다.

제2장

나를 물리학자로 만들어준 것들

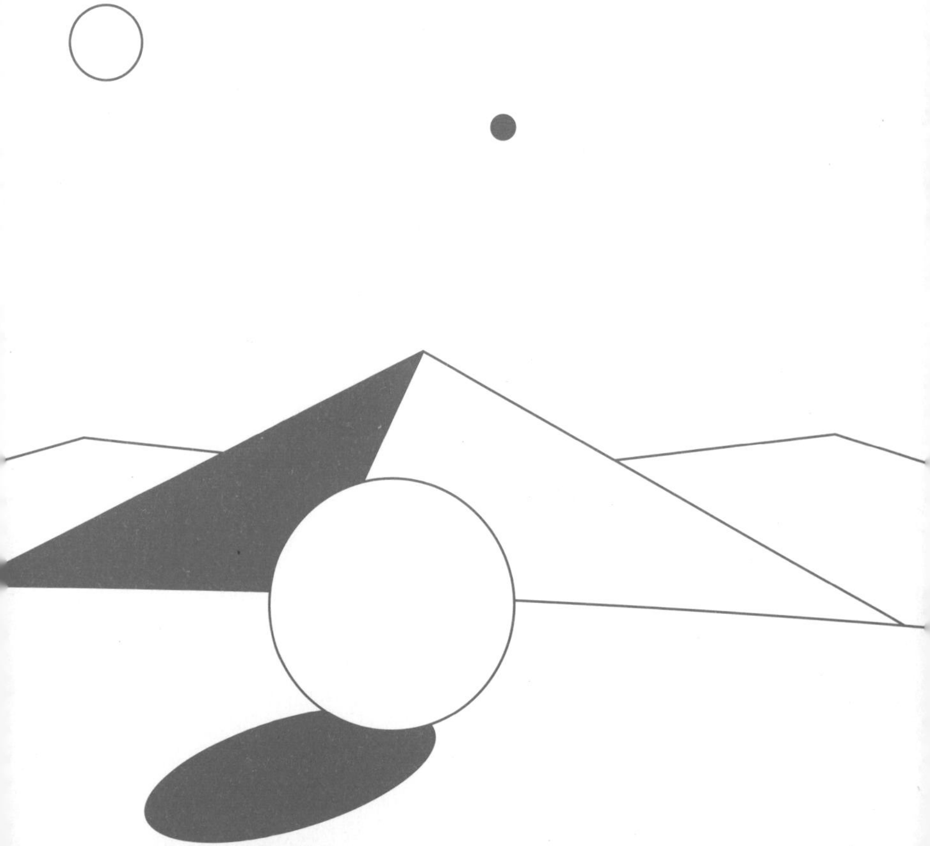

··•· 수학자는 '새로운 언어를 만드는 직업'이다?

나는 지금도 수학자를 동경한다. 한때나마 수학을 잘하고 사랑한다고 착각하던 시절이 있었기 때문이다. 수학과 물리학의 차이에 대한 '착각'은 내가 물리학자가 된 이유와 근본적으로 관련된 문제이기도 하므로 여기서 그 착각에 대해 파헤쳐보기로 하자. 결론부터 말하면 어느 선생님의 이야기가 내 착각을 일깨워주었다. 대학교 2학년 때의 일이다.

고등학생 시절 수학 시험 점수가 좋았던지라 수학 과목을 좋아했다. 누구나 좋아하는 과목은 더 열심히 공부하게 마련이다. 자연스럽게 대학에 진학할 때 자연과학부를 선택했고 수학을 공부하기 시작했다.

그런데 대학 수학은 하나도 재미가 없었다. 끼리끼리 모인다고 수학을 좋아하는 동기들과 수학 스터디 모임을 했는데 묵묵히 정리를 증명하고 개념을 설명해주는 친구 옆에서 나는 머리를 싸매고 끙끙댔다. 음, 나는 수학에 재능이 없었던 모양이다. 하늘이 무너지는 느낌이었다. 고등학교 시절 그렇게나 재미있던 수학 과목이 나를 배신할 줄이야. 대학생이 된 나는 내 앞에 놓인 수학 교재를 원망이 가득 담긴 눈빛으로 노려보았다.

목표를 상실한 대학교 2학년 시절, 물리학부가 주최하는 합숙 연수 행사에 참여했다. 대학 영장류 연구소 등을 방문해 연구 현장을 견학하는 내용이 일정표에 소개되어 있었다. 원숭이 뇌에 전극을 꽂은 연구실 등 무시무시한 연구 현장을 실컷 구경하고 지쳐 숙소로 돌아온 그날 밤 인솔 교수님이 학생들을 모아놓고 둘러앉아 이야기를 시작했다.

"이 우주에는 말이지, 풀어야 할 아주 중대한 문제가 있다. '우주가 무엇으로 이루어져 있는가' 또 '어떻게 시작되었는가' 하는 문제다. 이 문제를 수식을 이용해 푸는 학문이 있다."

그 순간 받은 충격은 지금도 잊을 수가 없다. 당시 말씀하신 분은 아오야마 히데아키(青山秀明) 교수님으로 전공은 소립자론이다. 교수님은 유창한 말솜씨로 이 우주의 구성요소 문제, 소립자 그리고 소립자 운동을 결정하는 수리 체계가 존재하고 그 체계가 우주의 거의 모든 현상을 표현하고 기술할 수 있다는 데까지 설명을 펼쳐 나가셨다.

그날 밤 나는 잠들지 못했다. 내가 하고 싶은 일을 찾았다는 설렘 때문이었다. 그래, 내가 하고 싶은 것은 수학이 아니라 물리학이었구나.

그때부터 막연히 왜 내가 수학을 즐기지 못했는지를 이해할 수 있게 되었다. 대학 수학은 고등학교 수학과 다르다. 대학 수학은 수학자를 위한 학문으로 수학자란 '새로운 언어를 만드는' 직업이다. 모순되지 않는 논리에만 의존해 언어를 만들어 나가야 한다. 그것이 진정한 수학이다.

그렇다면 내가 고등학생 시절 사랑했던 고등학교 수학은 무엇이었을까? 고등학교 수학의 정체가 알고 보니 물리였다는 사실을 아오야마 교수님의 말씀을 듣고 깨달았다.

물리학이란 이 우주에서 일어나는 온갖 현상을 수식으로, 수학자가 만들어낸 미분과 적분 등의 개념을 구사해 현상의 이유를 해명하는 학문이다. 물리학이라는 학문에는 대우주, 즉 자연이 제공하는 다양한 도전이 존재한다. 때로 수학자가 새롭게 개발한 언어를 사용해야 할 때도 있다. 따라서 이것은 수학에 가까워도 수학은 아니다.

지금은 고등학교 수학이 어떤 것인지 안다. 고등학교 수학은 이미 개발된 언어를 어떻게 사용할지를 훈련하고 그 언어를 사용하면 어떤 개념으로 이어질지를 시험하는 장이다. 그 과정을 우리 물리학자는 '산수'라 부른다. 산수는 수학이 아니다. 진짜 수학에 경의를 표하며 물리학자가 사용하는 도구는 산수로 부르기로 하자.

오해를 줄이기 위해 설명을 덧붙이자면 내 경험상 고등학교 과목과 대학 전공은 조금씩 차이가 있다. 고등학교 수학은 대학에서는 물리로, 고등학교 물리는 대학에서는 화학으로, 그리고 고등학교 화학은 대학에서는 생물로 분류되는 식이다. 예를 들어 생물 전공에서 인기인 분자생물학은 고등학교에서는 거의 화학 지식에 해당한다. 대학 화학에서 처음 배우는 원자 구조와 전자 배치는 고등학교에서는 물리에 해당한다. 물론 극단적인 예일 수 있으나, 나는 이 함정에 보기 좋게 걸려들어 단단히 착각하고 있었던 셈이다.

내 인생을 정당화한다면 대학 수학은 고등학교 과정 중에 대응하는 과목이 없다. 어쩌면 '논술'이 그나마 가까울 수도 있다.

그날 밤 아오야마 교수님의 열정적인 이야기를 듣지 못했더라면 내 인생은 완전히 달라지지 않았을까. 수학을 즐기지 못해 수학을 포기한 '수포자(수학 포기자)'가 되었다가 급기야 이과 과목 전체에 진절머리가 나서 아예 진로를 바꿔버렸을 수도 있다.

얼마 전 아오야마 교수님의 마지막 강의를 들으러 갔다. 여전히 열정적으로 물리의 즐거움을 이야기하는 모습에 감동했다. 이 대우주와 나 그리고 내가 잘하는 일과 하고 싶은 일. 그 둘이 일치하는 시공간의 한 점이 내 인생에 존재했다. 운이 좋았다는 말밖에 할 말이 없다.

초등학교 시절 반에서 제일 키가 작았던 나는 체육과는 담을 쌓고 살았다. 그러다 보니 밖에서 뛰어놀지 않고 주로 집에서 노는 아이였다. 그래서 '레고' 같은 블록 장난감이 친구였다.

사실은 지금도 매주 초등학생 딸을 살살 달래 아빠가 같이 놀아준다는 명목으로 레고를 가지고 논다. 블록 놀이는 초등학생 시절부터 했으니 벌써 30년이 넘은 취미다. '세 살 버릇이 여든 간다'는 말처럼 어린 시절 붙인 취미가 무섭다. 블록 놀이는 무언가를 남기지 않아서 진정한 의미의 '놀이'다.

알다시피 '레고'는 작은 블록을 조합해 다양한 사물과 형태를 만들 수 있는 장난감이다. 레고는 코 묻은 아이들 용돈을 모아 살 수 있는 저렴한 장난감이 아니다. 초등학생 시절에는 엄한 아버지가 무서워 차마 레고를 사달라고 조르지 못했다. 그러던 어느 날 아버지가 '다이야 블록(DiaBlock, 우리나라에서는 나노블록 시리즈로 유명한 일본 가와다 주식회사에서 출시한 어린이용 블록 장난감 세트－옮긴이)'을 가지고 오셨다. 회사 동료분이 자신의 자녀들은 다 커서 가지고 놀 사람이 없다며 주셨던 모양이다. 나는 그 날부터 매일 혼자 블록을 가지고 놀았다. 지금 생각해보면 블록 놀이가 나를 물리학자로 만들었다는 느낌이 든다.

블록은 매우 단순하며 종류가 적은 구성 요소를 대량으로 활용해 새로운 형태와 기능을 만들어내는 놀이다. 인류가 발견한 17종류의 소립자로 이 우주에서 보이는 부분은 얼추 설명할 수 있다는 사실은 블록 놀이와 판박이처럼 닮았다고 할 수 있다. 요컨대 소립자는 블록이고 소립자 물리학은 결국 블록 놀이인 셈이다.

블록은 구성 요소의 조합으로 다양한 기능을 부여할 수 있다는 것이 중요하다. 단순히 어디서 본 적 있는 모양을 모방해서 만드는 게 아니라 이런저런 트릭을 설치할 수 있다. 17종류의 소립자가 인류의 이 모든 현상을 만들어내듯 말이다.

초등학교 저학년이었던 나는 전함과 자동차 모양을 블록으로 만들어 아버지에게 자랑 삼아 선보이곤 했다. 이것저것 만들다 보니 전함이든 자동차든 디테일을 살리지 않으면 직성이 풀리지 않게 되었다. 그런데 블록의 최소 크기는 이미 정해져 있어 완성작의 크기가 커질 수밖에 없었다. 2미터가 넘는 전함을 블록으로 만들어 옆에서 인형놀이 중인 여동생에게 자랑했다. 그러다 차츰 작아도 그럴듯하게 보이는 작품을 만드는 데 재미를 붙였다. 애초에 블록 수는 정해져 있어 거대한 작품은 만들 수 없고 디테일보다는 특징을 잡는 게 중요하다. 한정된 부품으로 어떻게 자동차처럼 보이는 작품을 완성할지 이리저리 머리를 굴리며 매달렸다.

그러다 차츰 블록 구조물에 기능을 부여하는 데 열중하기 시작했다. 안이 보이지 않는 상자 모양의 미로를 만들어 유리구슬을 꺼내는 게임을 하거나, 공중에서 어떻게 긴 블록을 연결할 수 있을지를 연구하고 내진성을 높인 구조물을 만드는 식으로 궁리를 거듭했다.

초등학교 고학년에 올라간 어느 날, 네 살 위인 사촌형에게 칭찬을 받은 블록 완성품이 내 블록 사랑에 불을 붙였다. 전신 작동이 가능한 로봇이었는데 타이어와 경첩 블록 등 원래 움직이도록 생산된 블록을 사용하지 않고 만든, 모든 관절이 움직이는 인체 모형이었다. 언제나 우러러보던 사촌형에게 칭찬을 받아 우쭐해졌던 사건이 나를 소립자 물리학자로 만들었다는 생각이 든다.

2016년 도쿄에서 열린 아트사이언스 행사에서 강사로 초청받아 강단에 올랐을 때 "어린 시절을 어떻게 보내면 선생님처럼 과학자가 될 수 있을까요?"라는 질문을 받았다. 나는 "레고"라고 바로 대답했는데, 건축가와 예술가 등 다른 강연자들도 짠 듯이 "레고"라고 대답해 행사장이 술렁였던 기억이 있다.

지난주에는 초등학생 딸과 레고 블록을 얼마나 높이 안정적으로 쌓을 수 있을지를 경쟁했다. 딸도 나를 닮은 모양이다. 협력해서 쌓기 시작해 구조가 안정된 형태를 찾으며 조립하다 보니 어느새 천장까지 닿았다. 우리 손으로 쌓은 우리 집 기둥을 바라보니 벅찬 감동이 밀려왔다. 내 눈에는 세상에서 제일 높은 건물처럼 보였다. 그래, 진짜 고층건물도 이런 식으로 쌓아올려서 완성하겠지.

아슬아슬하지만 우뚝 서 있는 구조물에 딸이 냅다 발길질을 했다. 산산이 무너져내리는 블록 기둥. "뭐야!" 딸과 마주 보며 웃었다. 물론 놀이가 끝나면 부수는 게 블록 놀이의 규칙이다. 가족에게 보탬이 되는 무언가를 만드는 게 아니다. 그저 만들고 싶은 것을 만들고 싶은 방식으로 만들 뿐이다. 자신의 손과 머리로만 완성한 블록의 감촉과 감동을 남기고 모조리 무너뜨린다. 그리고 다음 날 다시 만들기 시작한다.

블록 놀이는 과학 작업의 일부와 놀랄 정도로 닮았다. 때때로 내 양손이 사실 블록으로 만들어졌다고 상상할 때가 있다. 밑도 끝도 없이 황당한 생각은 아니다. 우리 손은 소립자로 이루어져 있으니 말이다.

17 종류의 소립자

이쯤에서 여러분을 소립자 물리학의 세계로 초대한다. 머나먼 옛날, 고대 그리스 사람들은 세계를 구성하는 기본적인 요소를 상상해 그 요소들을 '아톰'이라 불렀다. 영어의 '아톰(Atom)'은 한자로 '원자(原子)'로 번역되었다. 19세기 말 무렵까

블록 놀이는 과학 작업의 일부와 놀랄 정도로 닮았다.
때때로 내 양손이 사실 블록으로 만들어졌다고 상상할 때가 있다.

지 다양한 종류의 원자가 발견되어 원자가 물질을 구성하는 최소 요소라고 여겨졌다. 그러나 그 후 과학의 발전으로 원자는 더 잘게 쪼갤 수 있음이 판명되었다.

과학자들은 원자를 구성하는 소립자를 쿼크(Quark)와 전자로 추정한다. 현재 인류의 기술로 더 이상 분해할 수 없는 최소 단위를 '소립자'라 부른다. 다음 페이지에 지금까지 알려진 소립자를 목록으로 정리했다. 우리 인간의 몸 그리고 우리 주변에서 눈으로 볼 수 있는 물질을 구성하는 소립자는 위 쿼크(up quark), 아래 쿼크(down quark) 그리고 전자다.

놀랍게도 인류가 지금까지의 모든 과학 실험에서 파악한 소립자는 고작 17종류밖에 안 된다. 왜 놀랍다고 표현했을까? 물 1밀리그램에도 약 10^{23}개의 전자가 포함되어 있는데, 그 전자들이 '모두 같은 전자'이기 때문이다. 만약 각 전자가 다르고 각기 다른 물리 법칙을 따른다면 아마 지금과 같은 과학의 발전은 없었으리라. 작은 세계를 들여다보면 세계가 매우 단순하다는 사실을 알 수 있다.

상상해보자. 우주에 존재하는 소립자의 종류는 한정되어 있고, 수는 적지만 중요한 17종류를 인류는 알고 있다. 이렇게 작은 지구라는 별에 사는 생물이 우주에 관해 이렇게나 잘 알고 있다니. 상상한다는 것, 그리고 그 상상에서 태어나는 과학. 이 얼마나 멋진 일인가! 어쩌면 내일이라도 새로운 종류의 소립자가 발견될 수도 있다는 게 과학이라는 학문의 매력이자 과학자로 사는 행복이 아닐까.

〔그림3〕 알려진 소립자

① 물질 입자 : 물질을 구성하는 소립자

쿼크

u 위 쿼크 / c 맵시 쿼크 / t 꼭대기 쿼크

d 아래 쿼크 / s 기묘 쿼크 / b 바닥 쿼크

경입자(렙톤)

ν_e 전자 중성미자 / ν_μ 뮤온 중성미자 / ν_τ 타우온 중성미자

e 전자 / μ 뮤온 / τ 타우온

---

② 게이지 보손(gauge boson): 힘을 전달하는 소립자

γ 광자(전자기력) / g 글루온(강한 힘) / Z^0 Z보손(약한 힘) / $W^\pm$ W보손(약한 힘)

---

③ 힉스 보손(Higgs boson): 질량의 기원이 되는 소립자

H 기본 입자

초등학생 시절 키가 작고 운동신경이 유달리 둔한 내가 레고와 함께 푹 빠졌던 놀이가 있었다. 바로 '미로 그리기'였다.

미로 그리기라고 적고 보니 거창한 취미 같지만, 알고 보면 단순한 낙서를 발전시킨 놀이이다. 공책 한 귀퉁이에 끼적끼적 미로를 그렸다. 그저 미로를 그리는 과정이 즐거워 학교에서 쉬는 시간에도, 친구들과 피구를 하다가도 틈만 나면 공책을 펼치고 미로를 그렸다. 지금도 미로가 한가득 그려진 공책이 집에 잔뜩 쌓여 있다.

얼마 전 초등학교 2학년이 된 딸아이 책상을 보니 놀랍게도 미로를 그리다 만 공책이 펼쳐져 있었다. 딸아이 공책을 보고 아내는 피는 못 속인다며 웃었다. 내가 초등학교 때 그린 미로 공책을 보관해두었기에 그 공책을 꺼내 딸에게 보여주었다. 딸아이는 신이 나서 콧노래를 부르며 내가 그린 미로에 화살표를 그려가며 새로 미로를 덧붙여 그리기 시작했다.

미로에 푹 빠진 딸과 미로 이야기를 나누다 왜 내가 미로를 그리게 되었는지를 곰곰이 생각해보았다. 시작은 당시 서점에서 《초등학교 1학년》이라는 잡지에 실린 미로였다. 시간 가는 줄 모르고 미로 찾기에 푹 빠져 지내다 나도 미로를 그려보자며 삐

뚤빼뚤 잡지에 실린 미로를 따라 그리기 시작했다.

처음에는 공책 한 귀퉁이에 조그맣게 그렸다. 그러다 차츰 공책 한 장 크기로 커졌다. 그리고 깍두기처럼 생긴 노트 칸을 활용해 네모 미로의 가로세로 선을 그리는 방법을 떠올려 상당히 정밀한 미로를 그리기 시작했다. 재미를 더하기 위해 길이 고속도로 나들목처럼 들어가고 나가는 구간을 만들고 가장자리를 일본 열도 모양으로 만든 일본 열도 미로, 역을 연결하는 전철 미로 등을 만들어 다양성을 늘려갔다. 마지막에는 각 미로를 결합해 공책 한 권이 미로가 되는 대형 프로젝트를 추진했다. 아쉽게도 공책 여러 권을 연결해서 미로를 만드는 초대형 프로젝트에는 도전하지 못했다.

일단 그려보면 알겠지만, 미로 그리기에는 요령이 필요하다. 먼저 출발점에서 목표 지점까지 하나의 경로로 도달할 수 있어야 한다. 미로에는 전체 상이 필요하다. 미로 안에서 길을 찾는 동안 어떻게 정답을 배치할지를 궁리하며 세부를 고안해 나가야 한다. 목표 지점 근처까지 갔다가 출발 지점으로 다시 되돌아오게 만든다거나, 목표 지점이 가까워 보이는 경로가 알고 보면 막다른 길이라는 식으로 함정을 파놓는 과정이 즐겁다. 또 어떤 장소에서 다른 장소로 순간 이동하거나 도중에 포인트를 쌓으며 진행하는 규칙을 만드는 방법, 또 일방통행 화살표를 그려놓고 뱅뱅 돌게 만드는 방법도 있다.

완성한 미로는 학교에 가져가서 친구들에게 풀게 했다. 친구들이 재미있게 풀 만한 수준의 미로를 그리기 위해 세심한 부분까지 공을 들여 그렸다. 너무 어렵거나 너무 길어서 친구들이 풀지 못한 미로는 실패다. 너무 쉬워도 실패다. 미로를 그리는 목적은 아무도 풀 수 없는 어려운 미로를 만드는 게 아니라 친구들과 즐겁게 놀기 위해서니까…….

지극히 어린아이다운 동기였으나 지금 물리학자로서의 나를 만든 밑거름이 되었다고 믿는다. 물리학으로 대표되는 과학에는 관성의 법칙이나 만유인력의 법칙 등 기본 법칙이 존재한다. 이 기본 법칙은 미로에서는 길을 벗어나지 않고 출발점에서 목표 지점으로 간다는 규칙에 해당한다. 그리고 과학에서 풀어야 할 문제는 어딘가에 이미 존재하는 게 아니라 자신의 내면에서 저절로 솟아난다. 풀 듯 말 듯 아슬아슬한 수준으로 문제를 설정하고 나름의 해법을 제시한다. 이것이 과학 논문이다.

일반적으로 과학에는 풀어야 할 수수께끼가 있고, 과학자들은 주어진 수수께끼를 푸는 사람들이라고 생각하는 경향이 있다. 대개 수수께끼는 풀이법이 잘못된 경우가 많다. 일단 스스로 '올바른' 풀이법을 제시하면 저절로 풀이법이 나타난다.

내 지인인 수학자는 이런 현상을 "문제와 동시에 답이 존재한다"라는 멋진 말로 표현했다. 처음부터 문제가 주어져 있고 과학자는 그 문제를 필사적으로 푸는 사람이라는 잘못된 선입견 너무 어렵거나 너무 길어서 친구들이 풀지 못한 미로는 실패다. 너무 쉬워도 실패다. 미로를 그리는 목적은 아무도 풀 수 없는 어려운 미로를 만드는 게 아니라 친구들과 즐겁게 놀기 위해서니까…….

은 입시 공부의 후유증일 수도 있다.

지금 와서 생각하면 미로 그리기는 문제를 스스로 설정하고 동시에 답을 주는 즐거움 그리고 친구들과 함께 푸는 기쁨을 동시에 맛볼 수 있는 소중한 경험이었다. 미로 그리기는 과학 연구의 묘미와 붕어빵처럼 닮았다.

과학 연구자는 사칙연산 이외의 연산 기호를 스스로 만들 수 있다. 즉 즐길 수 있는 규칙을 직접 만들 수 있다. 이는 미로의 규칙을 확장해 나가는 경험을 빼닮았다.

어른이 되고 나서는 과학 연구로 충분히 만족감을 얻어 미로를 그리지 않게 되었다. 그러다 딸아이가 그린 미로를 보고 내 안의 미로 본능이 꿈틀꿈틀 되살아났다. 그래, 오랜만에 왕년의 실력이 녹슬지 않았는지 공책을 펼치고 미로나 그려볼까.

···• · '근시'가 오히려 편리한 생활 도구라고?

근시는 잘만 활용하면 편리한 도구라 보물처럼 귀하게 여기며 살고 있다. 우리 눈으로 들어오는 정보는 아찔할 정도로 섬세하고 많은 양이라 그중에 불필요한 정보를 차단하고 싶을 때는 슬쩍 안경을 벗어버리면 그만이다. 안경을 벗으면 시야가 흐릿해지며 부옇게 변해 세상이 인상파가 그린 그림처럼 몽환적인 분위기로 보인다. 차분한 마음으로 사색의 세계에 들어갈 수 있다.

“안경을 벗지 않아도 돼요. 그냥 눈을 감으면 되잖아요?”

안경을 쓰지 않는 사람에게서 나올 법한 지적이다. 물론 그 의견에는 확실하게 반론할 수 있다. 눈을 감으면 너무 위험하다. 눈을 감고 길을 걷는다는 상상만 해도 겁이 나서 가슴이 떨린다. 하지만 나처럼 시력이 0.1 정도면 안경을 벗어도 크게 불안을 느끼지 않고 생활할 수 있다. 전철에서 멍하니 있을 때나 캠퍼스 안처럼 익숙한 길을 어슬렁거리며 돌아다닐 때 안경을 벗어본다. 안경을 벗으면 사고가 뇌 내부로 향하기 시작하는 느낌이 든다.

물론 집이나 연구실처럼 평소 익숙한 공간에서는 안경을 쓰든 벗든 들어오는 정보는 거기서 거기인지라 안경에 특별히 손을 대지 않는다. 익숙한 공간에서는 새로운 정보가 없다는 사실을 알고 있기 때문이다. 하지만 모르는 사람이 있는 공간이나 처음 가는 곳에서 멍하니 혼자 생각할 시간이 주어지면 안경을 벗는다. 그러면 마치 집에 있을 때처럼 편안하게 사색에 잠길 수 있다.

나는 중학교에 입학할 무렵에 안경을 쓰기 시작했다. 초등학교 때 선생님이 오리온자리를 관찰하고 공책에 그려 오라는 숙제를 내준 적이 있다. 내 눈에는 별이 보이지 않았다. 이미 근시가 진행되고 있었는데 알 턱이 없었다. 그래서 엉터리로 정말 밤하늘을 관찰한 듯 오리온자리의 움직임을 공책에 그려 숙제를 제출했다. 숙제 공책을 본 부모님이 내 눈이 나쁘다는 사실을 발견하셨다. 처음 안경을 맞춘 날 세상이 완전히 달라 보여 감탄했던 기억이 난다. 그리고 동시에 안경을 벗으면 주위의 섬세한 정보를 차단하고 '진정한 자아'를 느낄 수 있음을 자연스럽게 터득했다.

그래서 나는 안경을 벗는 시간이 너무 좋다. 뭉게뭉게 머릿속에 피어올랐다가 사라지는 그 감정과 기분을 자유자재로 쫓을 수 있다. 소설을 읽을 때도 안경을 벗는다. 다행히 책을 코앞에 바짝 들이대면 글씨를 읽을 수 있는 정도의 근시라 책을 펼쳐 들고 눈으로 느낄 수 있는 모든 것이 정보가 된다. 그리고 그런 감정을 외부 세계로 방출하고 싶어지는 순간에 안경을 쓴다. 그 순간이 뭉게뭉게 떠오른 감정을 말로 바꾸는 순간이며 또 아름답고 들뜬 감정의 덩어리가 사라지는 아련한 순간이다.

물론 안경을 벗어서 문제가 생긴 적이 몇 번이나 있다. 어느 날 전철을 타고 자리에 앉아 안경을 벗었다. 멍하니 사고의 소용돌이에 빨려 들어갔다. 얼마나 시간이 흘렀을까. 건너편 자리에 앉아 있던 여성이 자리에서 벌떡 일어나 무시무시한 눈길로 나를 노려보며 살다 살다 별꼴을 다 보겠다는 듯 혀를 끌끌 찼다. 무시무시한 박력에 안경을 벗은 내게도 그 여성의 생생한 분노가 전해질 정도였다. 내가 무슨 잘못을 했단 말인가. 영문을 몰라 바보처럼 입을 헤 벌린 채 바라만 보았더니, 그 여성은 바람을 일으키며 자리에서 일어나 쿵쾅쿵쾅 발소리를 내며 가까운 다른 자리로 가서 털썩 엉덩이를 내려놓았다.

비슷한 경험을 몇 차례나 더한 후에야 겨우 원인을 찾아냈다. 내가 안경을 벗고 상대방의 표정이 전혀 보이지 않는 상태로 건너편 자리에 앉은 사람을 물끄러미 바라보고 있었다. 물론 건너편 사람은 내가 근시라는 사실을 알 턱이 없기에 무슨 원한이 있어 자신을 노려보는가 싶어 의아하기도 하고 무서웠을 것이다. 이유 없이 사람을 노려보는 수상한 사람이라고 생각했을 수도 있다. 어쨌든 눈치를 주어도 내가 시선을 피하지 않으니 눈싸움이 되고 언제까지 노려보고 있을 수도 없으니 자리를 바꿀 수밖에 없었으리라.

눈은 중요한 소통 수단이다. 흰자위가 큰 호모사피엔스는 상대방이 바라보는 방향 정보를 인지하고 그것을 소통에 활용하도록 진화했다. 소통은 양방향이다. 안경을 벗어서 멋대로 정보를 차단한 내 잘못이다. 주위 사람에게 나는 평소에는 안경을 쓰는데 지금은 벗고 있다는 것을 자연스럽게 알릴 방법이 있으면 좋으련만. '저는 근시입니다'라고 적힌 티셔츠를 입고 다닐 생각도 해봤지만 역시 부끄럽다.

"그래, 안경을 벗자!"

큰소리로 혼잣말을 하며 안경을 벗는 방법도 고려해봤는데, 자칫 쓸데없는 문제를 일으킬 수 있을 것 같아 실행해보지는 않았다.

나는 질리지 않고 여전히 안경 벗는 시간을 즐기고 있다. 가까운 미래에 스위치를 누르면 자동으로 도수가 내려가는 안경을 누가 개발해주지 않으려나.

··• · 숫자 해석에 물리학자의 삶이 좌우된다

가족이 모여 딸의 생일을 축하하던 날 "벌써 태양 주위를 열여섯 바퀴나 돌았구나"라고 감개무량한 소감을 말했더니 딸이 야릇한 표정으로 나를 바라보았다. 생일 축하 치고는 생뚱맞은 표현이었던지 떨떠름한 표정이었다. 열여섯 살 생일을 맞이했다는 건 과학적으로는 태양 주위를 열여섯 바퀴 공전했음을 의미한다. 하지만 공전이 시간 감각으로 긴지 짧은지는 물리학자인 나와 고등학생인 딸이 공유하지 못했다. 물론 '딸아, 네가 태어나고 나서 지구가 600바퀴나 자전했단다'라는 표현은 공감대를 형성하지 못한 채 분위기를 한층 어색하게 만들 뿐이다.

내가 기적을 축하하고 싶었던 이유를 여기서라도 설명하고 싶다. 물리학의 법칙에서 '마이크로'의 세계에 속하는 우리의 생명이 태양 주위를 공전하는 경이롭게 긴 시간 동안 무사히 생명 활동을 지속할 수 있었음이 참으로 기적적인 일임을 느낄 수 있다. 뇌 신경을 통해 전기 펄스가 전달되는 시간은 몇 밀리미터/초(mm/s) 이하다. 소립자의 물리 현상이 발생하는 전형적 시간의 규모는 훨씬 더 짧다. 그에 비하면 지구의 공전이라는 엄청나게 긴 시간. 그 경이로운 차이에 감사하고 싶었다.

"작년 생일에는 초콜릿 케이크였는데 올해는 딸기 케이크네."

"한창 클 땐가. 우리 딸, 작년보다 부쩍 키가 자랐구나."

나중에야 딸은 평범한 아버지들이 생일날 건네는 대화를 기대했을 수도 있었겠다 싶어 혼자 뒷북을 쳤다. 내 감동 포인트는 과녁을 한참이나 빗나갔다.

그러나 이렇게 시간의 '단위'를 의식하는 생활은 이따금 정신적으로 도움이 된다. 딸이 아직 어렸을 때의 일이다. 매일 몇 번씩 딸의 기저귀를 갈아주고 젖병을 물리느라 지쳐 있던 나는 육아 스트레스가 극에 달해 몸과 마음이 너덜너덜해졌다. 그때 문득 사다놓은 육아 서적 한 권이 눈에 들어와 한숨을 내쉬며 펼쳐 보았다.

"세 살 무렵이 되면 기저귀를 뗄 수 있다."

그래, 세 살이면 지긋지긋한 기저귀를 졸업할 수 있단 말이지. 딸은 아직 돌쟁이. 바로 암산해보니 아직 4,000번은 기저귀를 더 갈아주어야 한다는 답이 나왔다.

세월 참 빠르다. 그러던 딸이 어느새 저렇게 자라서 이 아빠가 기저귀 가방을 들고 다니지 않게 되었구나. 4,000번이라고 하면 하루에 밟는 자전거 페달 횟수와 비슷한 수준이다. 무한하지 않다. 유한하다. 그렇게 생각하니 딸아이가 기저귀를 떼게 되어 시원 섭섭해하는 미래의 내 모습이 떠올라 울컥했다.

그날부터 매일 기저귀 갈기를 마다하지 않게 되었다. 오히려 기저귀를 갈 때마다 물끄러미 딸아이의 얼굴을 들여다보게 되었다.

어제도 숫자가 나를 구원했다. 과학자는 연구 성과를 논문으로 세상에 내놓는 작업이 가장 중요한 활동이다. 어제도 새롭게 세상에 내놓을 논문 원고와 씨름 중이었다. 그런데 아무리 고쳐도 한 줄이 마음에 들지 않아 문장을 뜯어고치고 그 문장과 관련된 물리학 계산까지 깡그리 수정하기를 반복했다. 그러다 한 줄을 고치는 데 4시간이나 잡아먹고 말았다. 4시간이나 쓰고도 만족스러운 결과를 얻지 못했다. 영어로 쓰면 고작 열 단어 정도인데 내가 아는 단어를 총동원해도 이거다 싶은 문장이 나오지 않아 맥이 빠졌다.

문득 내가 지금까지 과학자로 몇 줄이나 세상에 남겼는지 마음에 걸렸다. 출판 논문은 100편을 넘겼고, 각각 평균 페이지 수를 곱하고, 공동 연구자 수로 나누고, 한 장당 평균 줄 수로 다시 나누었다. 그 값을 지금까지 과학자 인생의 일수로 나누어보았다. 그러자 나는 하루에 세 단어를 썼다는 결과가 나왔다. 하루에 고작 세 단어.

만감이 교차하는 숫자였다. 나는 지금까지 전력을 다해 과학 논문을 썼다. 물론 논문 수와 길이가 전부는 아니다. 문장 이면에 있는 과학 개념이 얼마나 혁신적인지, 얼마나 물리 현상을 반영하고 있는지가 그 '논문'의 완성도를 말해준다. 그러나 내가 젖먹던 힘까지 짜낸 결과로 하루 세 단어밖에 내놓지 못했다면, 또 오늘처럼 4시간을 투자해 열 단어밖에 쓰지 못했다면 머리를 싸매고 고민해본들 달라질 게 뭐가 있겠는가.

수학은 이렇게 정신적 구원이 될 수는 있으나 때로 잔혹하다. 어린 시절, 인간의 평균수명이 약 여든 살이라는 사실을 알고 일수로 계산해본 적이 있다. 80년에 단순히 365일을 곱했다. 답은 3만 일이었다. 초등학생이던 나는 소스라치게 놀랐다. 아침에 일어나면 아무 생각 없이 학교에 가고 하루를 보냈다. 이 생활을 3만 번 반복하기만 해도 내 인생은 끝나고 이 세상에서 사라져야 한다. 진실을 알고 나니 두려워졌다. 맛있는 아침밥도 3만 번밖에 먹을 수 없다. 무한하지 않다.

너무 두려웠던 나는 그 계산의 답을 가슴 깊은 곳에 꼭꼭 숨겨두었다. 아주 중요한 순간에만 꺼내는, 깊숙한 나만의 비밀 금고에.

숫자는 누가 계산해도 같은 결과가 나오는 평등한 개념이다. 그것이 인류 문화로서의 수학이 가진 의의다. 그러나 숫자 해석은 사람에 따라, 그리고 인생의 무대에 따라 달라진다. 앞으로의 내 삶에서 숫자들을 어떻게 해석할지 그리고 그 숫자들을 내가 바꿀 수 있을지 기대 반 걱정 반으로 지켜보며 살고 싶다.

··•· 물리학자의 칠판 100배 활용법

대학교의 내 사무실에는 한쪽 벽면에 칠판이 설치되어 있다. 바닥에서 천장까지 높이에 벽면을 꽉 채운 널찍한 칠판 앞에 멍하니 서 있을 때가 많다. 나에게는 연구 활동이다.

내 사무실에 들어오는 사람들은 하나같이 이 칠판을 보고 놀라는데 사실 이론물리학자 업계에서는 별난 광경이 아니다. 전 세계 수많은 연구실에 커다란 칠판이 설치되어 있다. 그중에는 사다리에 오르지 않으면 손이 닿지 않는 아찔한 높이의 칠판도 있다. 사다리를 타고 올라가 칠판 꼭대기까지 수식을 빼곡하게 적는 연구자는 지금까지도 또 앞으로도 없겠지만 말이다.

혹여 칠판 앞에서 망부석이 되어 있는 나를 발견하더라도 한창 연구 중이니 부디 이해해주시기를. 세계 곳곳에서 칠판을 둘

나는 칠판은 우주와 같다고 상상해보았다. 우주는 넓고 깊다.
인류에게 미지의 존재가 가득 펼쳐져 있다.
보는 방법과 꺼내는 방법에 따라 인류가 아직 발견하지 못한
새로운 아이디어와 생각이 '눈에 보이는 형태'로 나타날 수 있다.

러싸고 과학자 집단이 연구를 진행하고 있다.

나는 칠판은 우주와 같다고 상상해보았다. 우주는 넓고 깊다. 인류에게 미지의 존재가 가득 펼쳐져 있다. 보는 방법과 꺼내는 방법에 따라 인류가 아직 발견하지 못한 새로운 아이디어와 생각이 '눈에 보이는 형태'로 나타날 수 있다.

이론물리학자인 나는 연구 도구로 칠판을 활용한다. 아침 출근길에 떠오른 아이디어를 칠판에 적고 살을 붙여나간다. 그림을 그리거나 머릿속에 떠오르는 대로 아이디어를 모조리 끄집어내 칠판에 끼적거려본다. 또 수식을 적고 변형해볼 때도 있다. 바로 막힐 때도 있고 내리 한 시간을 써 내려갈 때도 있다. 머릿속 실타래가 술술 풀릴 때는 칠판이 넓으면 그저 감사하다. 아무리 적어도 출발점을 지울 필요가 없다는 실용성은 기본이다. 그보다 더 좋은 것은 시야를 가리던 안대를 벗기고 '여기 빈 칠판을 보렴, 머릿속에 떠오르는 아이디어를 마음껏 적어보렴'이라는 메시지를 뇌에 전해주는 느낌이 든다는 점이다. 내 앞에 펼쳐진 칠판이 작은 아이디어를 과감하게 발전시킬 수 있도록 용기를 북돋아준다.

이론물리학은 다른 연구자와 공동으로 연구를 진행할 때가 많다. 칠판 앞에 옹기종기 모여 머리를 맞대고 자신이 생각한 이치와 관찰한 세계를 동료에게 설명한다. 넓은 칠판은 동료에게 자신의 아이디어를 보여주고 상승효과를 일으키는 최적의 도구다. 때로 칠판 위에 난해한 수식과 도표가 난무하기도 한다. 그런 때는 칠판의 한 점을 응시하며 몇 사람이 침묵에 빠진다. 마치 한 장의 사진처럼 움직임이 그대로 멈춘다. 하지만 움직임을 멈춘다고 해서 연구의 일시 정지는 아니다. 오히려 칠판 위의 수식과 자기 머리가 대화를 시작해 칠판과 자신의 머리가 융합하는 듯한 감각이 발생하는 순간이다.

칠판 위의 글자와 수식을 바라보면 문득 새로운 생각이 너울너울 떠오른다. 공동 연구자와 나눈 대화에서 자극을 얻을 때도 있다. 칠판에 분필로 쓴 글씨의 집합체에 인류가 알아야 할 가치를 부여할 때가 있다. 우주로서의 칠판에서 새로운 '별'이 보이는 순간이다.

그 순간을 경험하고 싶어서 이론물리학자가 되었다. 2010년 처음 내 연구실을 가지게 되었을 때, 연구실의 젊은 연구자들이 모이는 공동 사무실 한쪽 벽면에 대형 칠판을 설치했다. 오래전부터 생각해왔던 꿈이었다. 칠판 앞에는 밤낮을 가리지 않고 젊은 연구자들이 모여 매일 거대한 칠판을 새로운 아이디어로 채워나갔다. 정말로 내가 꿈꾸던 광경이었다.

오래전, 영국 옥스퍼드대학교에서 연구를 위해 머물던 시절에 대학교 과학사 박물관을 구경하러 갔다가 아인슈타인이 강의했다는 칠판이 그가 적은 방정식과 함께 보존된 모습을 보게 되었다. 깊이 감동한 나머지 그 앞에서 한동안 넋을 잃었다. 그 순간의 감동을 지금도 생생히 기억한다. 아인슈타인의 칠판은 아무도 만질 수 없도록 지상 3미터 높이에 고정되어 유리로 보호되고 있었다. 좀 더 가까이에서 칠판을 통해서나마 위대한 과학자의 숨결을 느끼고 싶었지만 안타깝게도 아인슈타인의 손길을 느낄 수는 없었다. 그의 손길이 닿았던 칠판을 만지면 그가 어떻게 '아인슈타인 방정식'을 구상했는지를 알 수 있을지도 모르겠다는 생각은 희망사항에 그쳤다.

일본인 최초로 노벨상을 받은 유카와 히데키 교수가 미국 컬럼비아대학교 객원교수 재직 시절에 사용했다는 칠판이 있다. 연구동을 개축하기 위해 칠판을 폐기하는데 인수자를 찾는다는 이야기를 듣고 나는 용기를 내어 제일 먼저 손을 들었다. 지금 그 칠판은 오사카대학교 자연과학부 공용 공간에 설치되어 있다. 3미터 높이가 아니라 일반적인 높이에, 물론 보호 유리도 없다. 지금도 학생과 교직원이 그 칠판을 자유롭게 사용하며 공부하고 연구한다.

나는 그 '유카와 칠판'에 이따금 손을 대본다. 슬레이트(점판암)로 만든 칠판은 언제나 서늘하다. 분필은 매끄럽게 움직이고 글씨를 쓰면 또각또각 소리가 난다. 순간적으로 그 칠판에 글씨를 쓰던 유카와 교수님과 시공간을 초월해 연결된다.

칠판은 이론 연구 가속기이며 타임머신이다. 타임머신은 미래로도 갈 수 있다.

연구 논문은 '신과 인간을 연결하는 다리'다

교과서를 읽으면 하품이 나오고 눈꺼풀이 무거워지며 잠이 솔솔 쏟아지는 건 어느 나라에서나 마찬가지인 모양이다. 아무래도 교과서가 '신의 관점'에서 집필되었기 때문이 아닐까? 신의 마음을 한낱 인간이 어찌 알 턱이 있겠는가. 신이 쓴 책은 설령 이론적으로 인간이 이해할 수 있도록 집필했더라도 재미라고는 약에 쓰려고 해도 찾아볼 수 없다. 각종 교과서 중에서 수학 교과서는 신이 주신 '퍼즐'을 푸는 기분이라 그나마 낫다. 하지만 역사 교과서처럼 역사적 사실을 줄줄이 나열하는 과목은 진정한 신의 관점이다. 쉽게 말해 모든 것을 아는 인간은 있을 리가 없는데 마치 모든 것을 안다는 듯이 만들어진 책이 교과서다.

자, 이쯤에서 이 문장에서 말하는 '신'을 정의해보자. 신이란 전 인류의 집합체와 동등하거나 그 이상의 존재다. 이 정의에 따르면, 교과서는 신의 관점에서 집필된 책이다. 사실은 지금까지 수많은 연구자가 해명한 '사실'을 집대성한 책이면서 마치 혼자 전부 알아낸 듯 이야기한다. 그것이 학교 교과서다. 신의 관점에서 쓰인 책이기에 우리 인간은 공감할 수 없다.

나는 만화를 좋아한다. 만화는 신의 관점이 아닌 사람의 관점으로 볼 수 있게 해준다. 먼저 작가가 누구인지 명확하고 만화

주인공의 시점이 정해진 작품이 많다. 주인공에게 감정을 이입할 수 있는 작품이 내가 좋아하는 만화다. 주인공에게 공감할 수 있는 만화에는 교과서나 학습 만화와 같은 '신의 관점'이 없다. '사람의 관점'이 가득하다.

그렇다면 물리학자가 쓴 연구 논문은 어떨까? 연구 논문은 신의 관점과 사람의 관점 딱 중간, 신과 인간을 연결하는 다리 역할을 한다는 게 내 지론이다. 연구 논문은 인간이 신과 만나는 순간을 제공한다고 할 수 있다.

이론물리학은 이 세계의 다양한 현상을 수식으로 풀어내는 학문으로, 이론물리학의 거의 모든 논문은 그러한 의도로 집필되어 있다. 논문은 모두 집필자가 있고, 집필자는 논문에 적힌 과학적 성과를 설명하는 주체다. 따라서 논문 단계에서는 그 사람의 시점이다.

한편 이론물리학의 여러 논문은 가설이다. 자연 현상과 비교해 그 가설이 참인지 거짓인지를 판단한다. 실제로 물리 실험을 진행해 이론 가설대로 실험 결과가 도출되었을 때 그 가설은 자연의 진리를 파악한 단계로까지 격상된다. 이를 "가설이 '자연'에 선택되었다"고 표현한다. 그때가 말 그대로 신의 관점에 다가가는 순간이다. 자연이야말로 인류의 집단 지성을 초월한 존재이며 자연의 원리를 규명하는 학문이 물리학이기 때문이다. 그래서 신과 인간을 연결하는 위치에 연구 논문이 자리한다.

고등학교 교과서는 수많은 과학 논문 중에서 아주 일부를 추리고 솎아낸 내용밖에 싣지 않는다. 그것은 자연이라는 신에게 선택된 논문이다. 물리학은 예언하는 학문으로 이론물리학자가 고안한 가설은 수천에서 수만 가지에 달한다. 여러 다양한 논문의 예언이 교차하는 과정에서 실험이 이루어지고, 실험 결과와 정확하게 일치하는 논문만이 '자연'을 기술하는 이론이라는 칭호를 얻고 선택되어 남을 수 있다. 그리고 그렇게 선택된 논문에서 아주 일부만 교과서에 실린다.

2012년에 힉스 보손(Higgs boson)이라는 입자가 실험으로 발견되었을 때, 이론물리학 논문이 대량으로 '사망'하는 사건이 발생했다. 힉스 보손의 발견은 1994년에 꼭대기 쿼크(top quark)라는 소립자의 발견 이후 나타난 대단한 역사적 실험 결과였다. 힉스 보손의 성질, 특히 그 질량에 관해 실험으로 발견되기 직전까지 수많은 논문이 집필되었다. 그 수는 수천 편에 달했다. 미발견 힉스 보손의 성질에 관해 다양한 이론적 예상이 논문에서 제기되었다. 그 예상들이 2012년 힉스 보손의 실험적 발견으로 대부분 버려졌다. 수천 편의 논문에 사망 선고가 내려졌다. 소립자 물리학은 100년, 그렇게 논문의 대량 살육을 반복하며 발전했다.

영국 출신의 이론물리학자인 피터 힉스(Peter Ware Higgs)처럼 자신이 이론적으로 예언한 소립자가 실험으로 발견되는 행운을 누리는 과학자는 극히 드물다. 과학이 진보하는 과정에 행복한 과학자가 있다면, 그 과학자는 '신'과 만나는 순간을 경험하는 사람이다.

"우리가 악수할 때 소립자를 교환하고 있을까요?"

어느 날 지인이 물었다.

"그렇겠네요."

지인은 곤혹스러운 표정으로 다시 물었다.

"그러면 '제' 경계는 어디일까요?"

과학적 사고방식은 때로 인간의 지각을 크게 뛰어넘는다. 지금까지 발견한 과학이 이미 인류의 집단 지성이라는 신이 되었고 그 신의 시점을 이용해 다음 단계의 과학을 생각하기 때문이다. 과학이 진보할 때 인간은 신을 확장한다.

나도 과학자 나부랭이라 자연이라는 신에 다가가고 싶다. 신과 만나는 순간은 평생에 한 번 있을까 말까 한 순간이다. 그런 경건한 감동의 순간이 오면 얼마나 설레고 전율하게 될까.

··• · 사회에 도움이 되는 것은 물리학이 아닌 '물리학적 사고'

"이번 발견은 사회에 어떻게 도움이 될까요?" 물리학에서 모종의 발견을 이뤄내자 TV 방송국에서 해설 인터뷰를 의뢰했을 때 받은 질문이다. 차마 티는 내지 못하고

속으로 실망했다.

"당장은 도움이 되지 못할 것 같습니다."

내 말은 방송에는 사용되지 않았다.

과학은 기술로 이어지고 기술은 세상에 보탬이 되기에, 과학을 사회에 이바지하는 학문이라고 생각하는 사람이 많다. 이 말에서 '과학'을 '과학기술'로 고치는 게 정확한 표현이다. 방송국 인터뷰 때의 질문은 대중이 가진 과학에 대한 기대를 대표하는 물음이었다. 그래서 기초물리학 연구 현장에서 '이 발견은 어떻게 도움이 될까?', '이렇게 하면 보탬이 될까?'라는 토론이 매일 같이 벌어진다고 상상하는 사람도 많을지 모른다.

그러나 현실은 다르다. 나는 입자물리학 연구자로서 적어도 내 주위에서 연구에 관해 '도움이 되는지'를 토론하는 모습을 요 근래 20년 동안 한 번도 본 적이 없다. 세계 여러 나라에서 연구하며 이런저런 토론에 참여해본 경험에 따르면 다른 나라 상황도 대충 비슷하다고 말할 수 있다. 요컨대 기초물리학 연구 현장에서는 '도움이 되느냐'는 질문 자체가 전혀 관심의 대상이 아니다.

어느 날 연구회 초대 강연을 마치고 질의 시간이 되어 저명한 교수님에게 질문을 받았다.

"하시모토 씨의 연구는 도움이 됩니까?"

질문의 의미는 명확했다. 사회에 도움이 되느냐는 말이 아니라 다른 물리학과의 관계를 물으려는 의도였다. 물리학과 수학은 그 대상과 기법에 따라 세세하게 나눌 수 있다. 소립자도 있고 우주도 있다. 나는 강연에서 다른 물리학 분야와의 관계를 지적했기에 이런 질문이 나왔다. 그 질문 후에는 한동안 즐거운 물리학 토론이 이어졌다.

소립자 물리학자는 '도움이 되는가'로 연구를 진행하지 않는다. 이 세계는 어떻게 이루어져 있는가, 그 '과학의 불가사의'를 규명하기 위해 줄곧 연구한다. 현재 물질 우주의 기초 방정식이 발견될 때까지 그 물음을 밝히기 위해 수많은 연구와 발전이 이루어졌다.

물론 연구로 발견된 물리학 성과가 사회에 큰 변화를 가져왔다. 예를 들어 가장 많이 알려진 물리 수식이라고 하면 아인슈타인의 $E = mc^2$이라는 식이 아닐까. E는 에너지, m은 물질, c는 빛의 속도다. 질량은 에너지임을 나타낸 이 수식은 1905년에 아인슈타인이 도출했고, 40년 후에 일본에 원자 폭탄이 투하되었다. 원자의 질량이 에너지로 변환되어 폭탄에 응용되었다. 과학의 대발견은 인류의 운명마저 바꾸어놓았다. 아인슈타인이 폭탄 개발에 도움을 주기 위해 상대성 이론을 연구하지 않은 것은 명백하다.

2016년 중력파가 처음 관측되었을 때, 뉴스에서 앵커가 "이 발견은 어떤 식으로 도움이 될까요?"라고 질문했다. 역시 기대를 저버리지 않는 질문이었다. 중력파의 이론적 예언이 1916년이었으니 관측까지 100년이 걸렸다. 도움이 될 때까지 앞으로 100년이 걸려도 이상하지 않다. 좀 더 정확하게 말하면 곧바로 인류에게 도움이 될 수도 있고, 100년 후가 되어도 도움이 되지 않을 수도 있다.

그러나 중력파가 존재한다는 사실은 아인슈타인의 일반 상대성 이론이 이 우주 전체를 지배한다는 중요한 증거다. 중력파는 전자파처럼 현재 인류의 '행복' 지수에 대한 기여도는 낮을 수 있다. 하지만 이 우주 전체에서 성립한 인류의 지성은 매우 보편적인 의미를 지닌다. 따라서 우리가 상상도 할 수 없는 응용 가능성이 존재할 수도 있다.

도움이 된다는 관점은 근시안적이고 국소적이다. 중력파의 예언부터 관측까지 100년 사이에 인류의 생활이 얼마나 달라졌는지를 떠올려보면 이 발견이 '도움이 될까'라는 질문의 기준 자체가 바뀔 수 있음을 깨닫게 된다. 기초 과학의 발견은 보편성에 중점을 두는 게 자연스럽다. 도움이 될지 여부는 보편성에서 뻗어나가는 여러 갈림길 중 하나가 아닐까.

"여보, 내 물리학이 여태까지 우리 결혼생활에 도움이 되었을까?"

조심스레 아내에게 물었다. 아내는 잠시 생각에 잠기더니 해맑게 웃으며 대답했다.

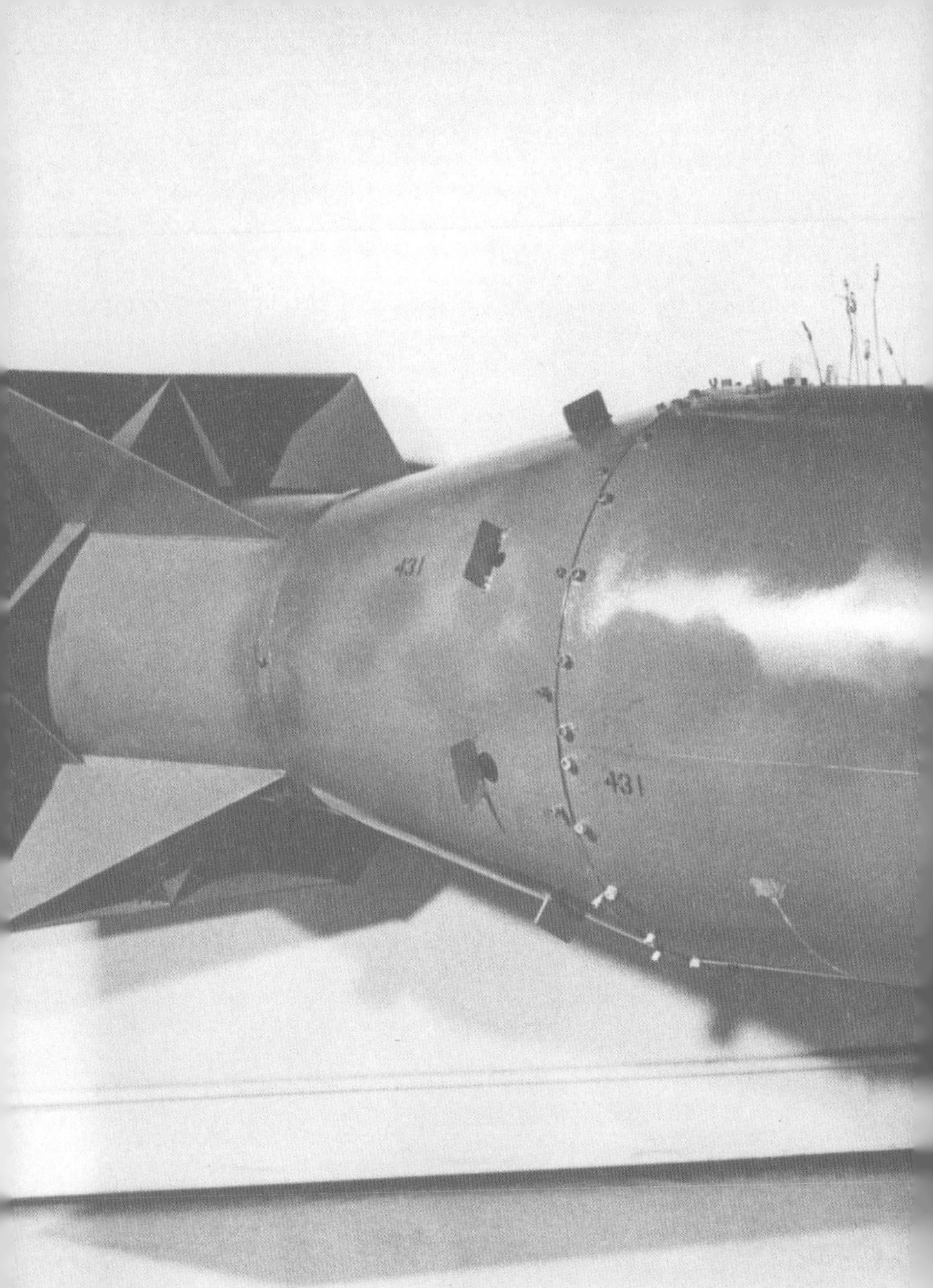

원자의 질량이 에너지로 변환되어 폭탄에 응용되었다.

과학의 대발견은 인류의 운명마저 바꾸어놓았다.

"아, 도움이 된 적이 있지. 빨래 건조대에 빨래집게가 엉켰을 때 빨래 건조대 전체를 일정 주기로 탈탈 흔들면 엉켰던 게 풀린다는 사실을 당신이 발견했잖아. 그 발견 꽤 도움이 되었거든."

말하자면 내 소립자 물리학이 도움이 되었다는 게 아니라 물리학적 사고가 생활에 약간 도움이 되었던 모양이다. 음, 그렇단 말이지. 안심하고 오늘도 잠자리에 들자.

··• · 물리학자가 고독하지 않은 이유는?

세간에서는 '과학자' 하면 하얀 가운을 입고 실험실에 틀어박혀 진리 탐구에 몸 바치며 연구실에서 고독하게 생활하는 이미지를 떠올리는 경향이 있다. 하지만 과학자인 나는 그 이미지와는 약간 다르다고 말하고 싶다. 과학자는 언제나 세상과 연결되어 있다는 느낌으로 산다.

과학자는 과학 논문을 통해 사회와 접한다. 지금도 앞으로도 소통할 길은 논문밖에 없다. 과학 논문 한 편을 집필하는 데 몇 년씩 걸릴 때도 있다. 아이디어 착상에서 시작해 그 아이디어를 과학적으로 확인해 나가는, 정신이 아찔해지는 작업은 최종적으로 논문 형태로 정리되고 출간되어 세상에 나온다. 논문이라고 해도 결국에는 문자가 나열된 종이다. 그 종이를 문자로 채우기 위해 몇 년에 걸쳐 오로지 작업에 몰두한다. 고독한 과학자의 이미지는 그 과정에서 만들어졌을 수도 있다.

겉으로 고독해 보이는 과학자의 일상에 관한 대중의 이미지가 크게 잘못되었다고는 생각하지 않는다. 그러나 나는 작업하는 동안에도 줄곧 세상과 연결되어 있다는 기분을 느낀다. 논문을 내놓는 순간에 일어나는 세상과 이어지는 이벤트 탓이다.

과학 논문이 발표되면 그 논문은 수많은 과학자의 시선에 노출된다. 내 전문 분야인 소립자 이론에서는 일본 시간으로 아침 10시에 전날 투고된 논문 목록이 아카이브라 불리는 홈페이지에 공개된다. 매일 수십 편의 논문이 발표되고 전 세계 과학자가 훑어본다. 삽시간에 자신의 연구 성과가 전 세계에 공유된다. 그리고 수많은 과학자에게 코멘트 이메일이 쏟아져 들어온다. 비판과 칭찬, 경쟁심과 질타, 다양한 과학적 내용을 담은 메시지가 순식간에 전 세계에서 들어온다. 친분이 있는 과학자뿐만 아니라 모르는 과학자에게서도 연락이 온다. 전 세계 과학자들이 가상의 원탁에 둘러앉아 토론을 벌이기 시작한다.

자신의 연구는 그 과학 논문에 집약되어 있는데 논문을 작성하는 과정에서 늘 세상의 시선을 의식하고 전 세계 과학자들에게 선보인다는 목표로 집필한다. 어쩌면 그러한 마음가짐이 항상 세상과 연결되어 있다는 느낌을 자아낼 수도 있다.

일단 세상에 나간 논문은 세계의 일부가 된다. 자신의 논문 아이디어에 다른 과학자가 아이디어를 보태고 융합시켜 다시 새로운 세계를 개척해 나간다. 이것이 과학의 발전이다. 다른 사람의 연구에 내 연구 일부가 활용된다. 아이디어가 세상에서 자유롭게 살아가며 성장한다. 그것은 내 생각이 다른 사람의 논문 속에서 활용되고 쓰이는 형태로 나타나며 나는 그 모습을 바라보며 하루하루를 보낼 수 있다. 때로 그 과정에서 발전된 생각을 내 안에서 접목해 재융합할 때도 있다. 마치 성인이 된 내 자식이 오랜만에 고향 집에 돌아온 듯한 느낌이다.

이 세상과 얼마나 쉽게 연결될 수 있는지를 실감한 경험이 인생에서 몇 번 있었다. 어느 모임에서 알게 된 영국인 지인이 있다. 안면을 트고 나서 몇 년 동안 토론을 통해 논문 몇 편을 공동 집필했다. 어느 날 문득 그 친구의 나이조차 모른다는 사실을 깨달은 내가 물었다.

"그런데, 몇 살이셨죠?" (물론 영어로 물었다.)

알고 보니 동갑이었다. 자연스럽게 생일을 물었더니 놀랍게도 생일까지 같았다. 우리는 마주보고 웃었다. 이렇게 오랫동안 함께 심오한 토론을 주고받은 사이에 생일이 같다는 사실조차 서로 몰랐다니. 나는 순간 깜짝 놀랐다. 지구 반대편에서 같은 날에 태어난 두 사람이 전혀 다른 문화와 관습 속에서 자랐지만 지금은 함께 과학을 토론하는 사이가 되었다니 말이다.

이메일로 알게 된 러시아인 지인이 있다. 이메일로 처음 접촉

한 우리는 서로 얼굴 한 번 보지 않고 몇 개월 후에 함께 논문 한 편을 썼다. 논문을 출간한 순간의 기쁨도 이메일로 서로 교환했다. 반 년 후에 그가 일본에서 열리는 연구회에 참석하러 오게 되었다. 연구회가 열리는 행사장으로 찾아갔더니 그곳에 그의 홈페이지 프로필 사진을 빼닮은 덩치 큰 남자가 서 있었다. 상대도 나를 발견해 행사장 저쪽에서 달려왔다. 서로 얼싸안고 한동안 어깨를 마주 두드렸다.

우리는 평소 나이, 키, 국적 등에 둘러싸여 지낸다. 친해지는 데 오랜 세월이 필요하다. 하지만 같은 과학 문제를 놓고 깊게 고찰한 과학자들 사이에는 신비한 동포의식이 싹튼다. 사람 사이를 가로막은 벽이 훌쩍 낮아질 수 있다.

고독해 보이는 과학자도 겉으로 알고 보면 늘 이 세상과 연결되어 있다.

···· 셜록 홈스를 흉내 내는 과학자 vs. 셜록 홈스 같은 과학자

탐정소설 『셜록 홈스』는 세계에서 성서 다음으로 많이 읽히는 책으로 알려질 정도로 인기 있는 작품이다. 주인공 셜록은 우리에게도 무척 친숙한 명탐정이다. 나도 고등학생 시절부터 셜록에 푹 빠져 있었다. 대학에 진학한 후에는 셜록 홈스의 숙적 모리아티(Moriarty)에 관한 논문을 쓰고, 그 논문을 동료 평가(peer review)가 붙는 저널에 투고해 게재된 이력을 가지고 있다. 이것은 내가 처음 물리학 논문을 쓴 스물네 살 이전의 일로, 내 최초의 논문은 물리학이 아니라 셜록 홈스 논문이었다.

지금도 짬이 생기면 책장에서 문고판 『셜록 홈스』를 꺼내 홈스의 행적을 확인한다. 또 일본 셜록 홈스 클럽 간사이 지부 회원으로 가입해 회보를 받아본다. 가끔 마니아들만 열광하는 그 회보를 들여다보고 실실 웃는다. 몇 년 전에는 패스티시(pastiche) 기법으로 아서 코난 도일의 문체를 모방해 팬 픽션(Fan Fiction)을 썼는데, 이것을 사비를 들여 문고판 홈스와 비슷한 판형으로 출간해 지인들에게 나누어주기도 했다. 이렇게 지금까지 꾸준히 '셜로키언(Sherlockian)'으로 사는 건 고등학생 시절부터 내면 깊숙이 홈스가 각인되었기 때문이다.

내가 물리학을 연구할 수 있는 것도 물리학을 연구하는 자세를 '당연한 일'이라고 홈스가 가르쳐준 덕분이다. 홈스가 물리학자로서 내 혈육처럼 느껴질 때도 있다.

셜록 홈스의 특별함은 그의 기괴한 행동에 있다. 『두 번째 얼룩』(The Adventure of the Second Stain)에 등장하는 사건으로 대표되듯 그는 알고 싶은 일이 있으면 땅바닥을 기는 일도 마다하지 않는다. 또 생각할 거리가 있으면 절친 왓슨과의 대화도 차단한 채

침묵에 빠져 며칠씩 한 사건의 수수께끼에 집중한다. 그런 장면이 작품 전편을 통해 자주 등장하며 일관된 홈스상을 독자에게 제시했다.

홈스의 모습은 과학자의 전형적인 연구 자세와 닮았다. 실제로 시간을 잊고 문제에 골몰하거나 과제에 지나치게 집중해 사고를 당했다는 과학자 이야기를 자주 듣는다. 실제로 나도 비슷하다.

이론물리학자의 작업이란 자신의 마음 깊은 곳에서 풀고 싶은 문제를 만나고, 그 문제에 몰두하는 데 자신을 바치고, 또 순간적으로 찾아오는 아이디어에 열광하는 것이다. 그리고 보수는 돈이 아닌 자신의 탐구심을 충족하는 것이면 충분하다고 생각한다. 이는 셜록 홈스의 행동철학 그 자체다.

고등학생 시절에는 그 모습에 홀딱 반해 매사에 몰두해 '무언가를 푸는 일'에 동경을 품게 되었다. 하지만 고등학생의 일상에 시체가 나뒹굴 일은 없다. 기껏해야 풀어야 할 문제는 눈앞의 입시 문제집뿐. 그러나 자잘한 문제를 많이 늘어놓기만 한 입시 문제집의 문제는 며칠씩 고민할 만한 성질의 것은 아니었다.

그러다 《대학교 수학으로 가는 길》(大学への数学)이라는 월간지 권말에 실린 '중력 콘테스트'(줄여서 '중력콘'이라 불렀다)를 만났다. 보기만 해도 헉 소리가 나올 정도로 어려운 수학 문제를 실어놓고 해답을 적어서 우편으로 제출하면 그 풀이방식이 얼

마나 명쾌하고 세련된지 평가해 우수한 사람은 권말에 실어주는, 영예를 겨루는 콘테스트였다. 하굣길 전철 안에서 한 문제를 가지고 매일같이 고민하다 며칠 만에 답을 찾아냈던 순간의 기쁨은 각별했다. 전철 안에서 다른 사람의 시선도 아랑곳하지 않고 수식을 써 내려가던 그날은 지금도 이론물리학 연구라는 형태로 변함없이 이어지고 있다.

그 무렵 텔레비전에서 방송되던 셜록 홈스 시리즈(영국 그라나다 TV 제작)에서 홈스 역을 연기한 제러미 브렛(Jeremy Brett)은 홈스의 독특한 행동을 충실하게 연기해 유명해졌다. 나는 대학생 시절에 제러미 브렛의 홈스 몸짓을 매일 흉내 내곤 했다. 양손을 입 앞에 모으고 묵상하는 자세를 따라하기도 하고, 마침내 홈스의 웃는 방법까지 연습하며 친구와 누가 더 비슷한지 겨루었다.

홈스 작품은 세계 최초로 과학적 기법을 범죄 수사에 적용했다고 알려졌는데 그런 의미에서 홈스는 과학자이기도 했다. 그러나 과학자가 어떤 사람인지 몰랐던 고등학교 시절 나는 과학자란 홈스처럼 행동하는 사람이라고 오해했다. 그런데 지금 돌이켜보면 홈스 같은 과학자는 내 주위에 수두룩하다. 그러니 고등학교 시절의 내 생각이 완전한 오해였다고 볼 수는 없다.

셜록 홈스 시리즈는 추리소설의 최고봉일 뿐 아니라 과학이 이토록 멋질 수 있다는 사실을 전 세계에 알렸다. 그리고 과학에 종사하는 직업인 과학자의 기묘한 행동과 생활도 은밀하게, 아니 대담하게 세상에 전해졌다.

나는 그 책략에 감쪽같이 넘어가고 말았다. 셜록 홈스 같은 과학자가 되기 위해 오늘도 전철 안에서 수식을 휘갈겨 쓰고 있다.

··• · 열차와 소립자, 철도와 우주의 관계

일본 고속철도인 신칸센 열차가 홈에 들어오는 모습을 보면 눈물이 난다. 열차만 보고도 감격해서 눈시울이 붉어지는 나는 어엿한 '뎃짱(鉄ちゃん)', 철도 마니아다. 물리학자가 되지 않았더라면 철도회사에 취업했을 수도 있다. 실제로 대학원에서 박사 과정을 밟던 무렵에 취업 활동을 한다는 핑계를 대고 신칸센 차장을 인터뷰한 적도 있다.

철도 마니아에도 다양하고 세세한 분류가 있다. 팬끼리 만나면 우선 어느 철도 잡지를 좋아하는지, 소속과 분류를 서로 확인하는 절차부터 거친다. 일본에서는《철도 저널》(鉄道ジャーナル),《철도 팬》(鉄道ファン),《철도 픽토리얼》(鉄道 ピクト リアル) 중 어느 잡지를 구독하는지를 묻는 게 불문율이다. 일반적으로 묻는 분류로는 노선 승차 팬, 사진 촬영 팬, 전철 차량 팬, 전차 소리(발차 멜로디나 차내 안내방송 등) 팬까지 있다고 한다. 내가 좋아하는 카테고리에 어떤 이름이 붙어 있는지는 모르지만, 어쨌든 나

는 배선과 노선을 좋아하는 철도 마니아다.

초등학생 무렵부터 지역 긴데쓰 전철(오사카, 나라, 교토 등의 지역을 오가는 지역 철도 사업자—옮긴이)과 국철 배선도를 공책에 그리며 놀았다. 배선도는 노선도와 다르다. 노선도를 더 자세하게 만든, 노선 자체가 어떻게 연결되는지를 보여주는 그림이 배선도다. 노선이 나뉘는 부분은 포인트라 부르고, 노선이 실제로 둘로 갈라진다. 지금도 내가 정말 좋아하는 더블 슬립 포인트(교차 시에 어느 방향으로도 전환할 수 있는 포인트)를 발견하면 흥분을 주체할 수 없을 정도다.

보습학원에 다니던 초등학생 시절에 매일같이 긴데쓰 전철 제일 앞 차량에 타고 최대한 앞에 서서 차장의 일거수일투족을 관찰하며 노선과 신호기 연계를 기억해 집에서 연습했다. 운전석에 앉은 기관사와 실제로 이야기를 나눈 적은 없어도 무척 친근한 존재였다.

왜 나는 철도를 좋아할까? 물리학자라는 직업의 특성과 무슨 관계가 있을까? 물론, 과학기술을 활용해 열차가 움직이고 과학기술의 기초는 물리학이라는 의미에서 관련이 있지만, 좀 더 이해하기 쉬운 의미에서 공통성이 있다는 사실을 알게 되었다.

차량은 모터에 전기를 흘려보내 움직인다. 모터는 초등학생이 가지고 노는 장난감과 같다. 건전지를 연결하면 축이 회전한다. 모터가 들어간 철도 장난감도 많다. 장난감으로 가지고 놀며 손에 익은 모터가 저 거대한 철도 차량을 움직인다. 그야말로 굉장한 것이다.

여기에 물리학과의 공통성이 있다. 물리학에서는 우선 우리 주변의 물질이나 물체의 운동과 성질을 조사해 수식으로 만든다. 그 과정을 물리학자는 '장난감 모형'이라 부른다. 그리고 그 적용 범위를 더 넓게 확장해 생각을 확대해 나간다.

예를 들어 뉴턴이 사과가 나무에서 떨어지는 현상을 그대로 지구를 도는 달의 운동까지 확대 적용해 만유인력을 발견했다는 이야기는 널리 알려졌다. 이처럼 일상과 가까운 현상을 관장하는 원리를 확대해 적용하는 일이야말로 물리학의 본질적 작업의 하나다.

모터를 그대로 크게 만들면 철도 차량이라는 커다란 쇳덩어리까지 움직일 수 있다. 그리고 거대한 쇳덩어리의 스위치를 켜고 끄는 사람, 그 사람이 철도 기관사다. 우리 일상과 친숙한 대상에 대한 상상력을 키워 한계까지 사고를 확장해가는 물리학의 기본과 철도의 매력은 닮은꼴이 아닐까.

초등학생이던 나는 기관사 아저씨를 꾸준히 관찰하다 어떤 사실을 알게 되었다. 기관사 아저씨는 포인트에 접어들어도 직접 포인트로 진행 방향을 바꾸지 않았다. 누군가 이미 진행 방향을 정해놓은, 그 정해진 선로 위를 달리거나 멈출 뿐이었다. 도대체 누가 정해놓았을까?

시각표라는 두툼한 책을 그 무렵 처음 알게 되었다. 서점에서 발견한 그 책에는 빼곡하게 열차 운행표가 게재되어 있었다. 배선도는 실려 있지 않아 스스로 상상할 수밖에 없었지만, 각각의 열차가 언제 어디를 달리는지 손에 잡힐 듯 생생하게 알 수 있었다. 운행표 작성 이면에는 배선도가 존재하는 게 분명했다.

소름 끼치는 프로그램이다. 이걸 만든 어른은 정말로 천재라고 직감했다. 열차가 서로 충돌하지 않도록 고려하고 승객의 수와 목적지를 감안해 극한까지 최적화된 세계. 이 표를 작성한 사람이 세계를 지배한다, 막연히 그렇게 믿게 되었다. 실제로 급행열차에 추월당하는 일반 열차를 타고 학원에 다니던 나는 통과 대기 시간을 설정한 사람을 언제나 원망했다.

소립자 물리학에서도 열차 운행 시간표 비슷한 개념이 존재한다. '파인먼 도형(Feynman diagram)'이라는 이론으로, 소립자 운행표다. 우리 몸과 우주의 모든 것을 구성하는 소립자는 결합하거나 쪼개지거나, 우주 공간 어딘가를 오가며 운동한다. 어떠한 운동이 가능할지를 분류하려면 파인먼 도형을 그려, 그 도형을 바탕으로 소립자의 운동을 계산하는 수밖에 없다. 열차와 소립자, 그리고 철도와 우주. 이들의 유사성은 인간 발상력의 한계를 드러내는 것인지도 모른다.

이야기가 나온 김에 '소립자론'과 '파인먼 도형'에 관해 설명하려 한다.

유명한 물리학자인 리처드 파인먼(Richard Phillips Feynman)이 개발한 이 도형 그리는 법이 '파인먼 도형'이다. (파인먼 그래프 혹은 파인먼 다이어그램이라 부르기도 한다) 파인먼 도형은 소립자가 어떤 방식으로 흡수되고 합체하는지를 나타내는 그림이다. 다음 페이지에 그 예를 그려놓았다.

이 파인먼 도형을 소립자론 연구자는 매일같이 수없이 반복해서 그린다. 이 파인만 도형에 나타나는 과정에서 이 우주를 지배하는 물리 법칙이 드러나기 때문이다.

소립자 물리학이란 그 이상 분할할 수 없는 우주의 구성 요소인 '소립자'에 관해 연구하는 학문 분야다. 물리학은 대략 실험과 이론으로 나뉘는데, 각 분야에 종사하는 물리학자를 '실험물리학자', '이론물리학자'라고 부른다. 그리고 소립자 물리학의 이론 분야를 '소립자론'이라 부른다. 소립자론 분야의 개척자는 유카와 히데키 박사다. 유카와 박사는 원자핵 안에서 일어나는 현상을 설명하기 위해 새로운 소립자의 존재를 예언했다. 이처럼 현상의 근원을 설명하는 이론을 고찰하는 학문이 소립자론이다.

파인먼 도형은 가로축에 시간, 세로축에 공간 좌표축을 설정하고, 일정 시간에 소립자가 어디에 있었는지를 그릴 수 있다. 소립자는 선으로 나타낼 수 있다. 다음 그림은 전자와 양전자가 가까워지다 만났을 때 소멸하고(쌍소멸, pair annihilation), 거기에서 광자가 발생하는 현상을 나타낸 파인먼 도형이다. 화살

〔그림4〕 파인먼 도형

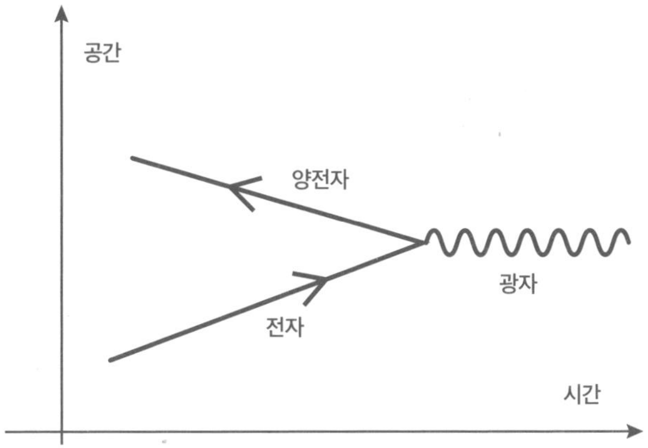

표 방향은 무시해도 좋다. 또 시간과 공간의 좌푯값을 대강 잡고, 광자가 공간 안에서 멈추어 있을 때처럼 그림을 그렸는데, 이 부분도 무시해도 좋다. 파인먼 도형에서는 무엇과 무엇이 어떤 순서로 만났는지에만 의미를 부여한다.

인간도 소립자로 이루어져 있기에 원리적으로는 인간의 움직임도 파인먼 도형으로 나타낼 수 있다. 그리고 인간을 한 개의 소립자로 간주하는 '근사'를 구하는 과정도 재미있지 않을까.

··•· 눈을 감아야 비로소 보인다?

여러분은 우주를 느끼는 방법이 있다는 사실을 알고 있는가? 물리학을 연구하다 보면 "어떻게 하면 우주와 소립자를 느낄 수 있을까요?"라는 질문을 자주 받는다. 알고 보면 우주를 느끼는 방법은 아주 간단하다. 지금도 가끔 이 방법으로 우주를 느껴볼 때가 있다.

아침에 일어나서 떠오른 아침 해를 바라본다. 태양은 동쪽 하늘에 나타나 오른쪽 위 방향으로 비스듬하게 떠오른다. 태양이 비스듬하게 떠오르는 모습이 수평으로 보이도록 고개를 왼쪽으로 기울인다. 그리고 상상한다. 지금 머리 방향이 지구 자전 축이라고.

그 자세를 잠시 유지하면 야릇한 감각이 몸을 지배한다. 내 머리가 비스듬한 게 아니라 몸이 비스듬하다고. 그리고 내 몸은 왼쪽에 있는 지구에서부터 끌어당겨지고 있다고. 이는 지구가 만들어내는 중력이며, 나는 지구 위에 만유인력의 힘으로 딱 달라붙어 있다고.

이쯤에서 과학 교과서를 떠올려보자. 지구는 둥글고 지축을 중심으로 자전한다. 우리는 북반구에 산다. 태양 빛이 닿는 낮 부분과 그늘진 밤 부분이 있다. 지구의 자전에 이끌려 함께 도는 나는 지금 그늘에서 나온 순간 지구 위의 점에 서 있는 것에 불과하다.

그렇다. 우주를 느끼려면 일찍 일어나서 고개를 비스듬하게 기울이기만 해도 충분하다. 고개를 기울이고 아침 해를 바라보는 작업이 내 시점(視點)을 일상에서 단숨에 우주 공간에서 바라본 지구라는 시점으로 데려다준다.

그렇다면 왜 이렇게 단순한 동작이 나를 우주적 시점으로 데려다줄까? 인간은 시각으로 받아들이는 정보가 가장 중요하고, 그 정보를 기준으로 외부 세계를 판단하기 때문이다. 인간의 지각 능력에는 시각 이외에도 청각과 촉각 등 다양한 감각이 있다. 그러나 내 경험상 시각은 가장 중요한 판단 기준을 제공하고 그 이외의 감각은 보통 보조적이다.

따라서 내 시각을 조종함으로써 자신을 '바람직한 환경'에 집어넣을 수 있다. 우주를 느끼는 시점이 바로 시각을 응용하는 적절한 예다. 머리 방향을 지구와 맞춤으로써 생기는 시각적 효과가 나를 우주로 데려다준다.

나는 일상적으로도 시각을 조종해 환경을 통제한다. 예를 들어 사고에 집중하는 환경을 만들 때는 시각이 방해된다. 머릿속으로 깊이 생각할 때는 눈으로 들어오는 정보는 필요 없다. 그래서 내 나쁜 시력을 이용한다. 나는 근시라 평소에는 안경을 끼는데, 깊이 생각할 때는 안경을 벗는다. 출퇴근길처럼 평소에 익숙한 길이라면 안경을 벗어도 신호나 차량 등을 감으로 알 수 있다. 하지만 자잘한 시각 정보는 지각할 수 없기에 모조리 차단된다. 이는 계속적으로 깊은 사고를 해야 할 때 매우 효과적이라 매일같이 활용한다.

중학생 시절부터 눈이 나빴던 나는 다행스럽게도 공부나 연구를 위해 생각할 때는 언제나 안경을 벗는 버릇이 몸에 배어 있다. 그래서 안경을 벗는 동작이 그 순간 생각에 집중한다는 의식 전환 스위치도 겸하고 있다.

얼마 전 양치질을 할 때 눈을 감는 방법을 발견했다. 지금도 이를 닦을 때 세면대 거울 앞에 서서 내 얼굴을 응시하며 이를 닦는다. 어느 날 문득 이를 닦으면서도 이가 아닌 얼굴을 본다는 사실을 깨달았다. 그래서 지그시 눈을 감고 이를 닦았더니 칫솔이 이를 문지르는 감각을 생생하게 느낄 수 있었다. 어떤 이를 어떻게 닦고 있는지 훤히 알 수 있었다.

양치질 예로도 알 수 있듯 인간은 거의 온종일 시각에 농락당한다. 기껏해야 잘 때나 눈을 감지, 깨어 있는 동안에는 눈으로 정보를 받아들이고 그 정보를 처리하다가 하루가 끝나버린다.

얼마 전 우리 집에 식솔이 늘었다. 햄스터 한 마리가 새 식구로 들어왔다. 햄스터가 오도독오도독 소리를 내기에 보았더니 먹이를 먹고 있었다. 양쪽 앞발로 야무지게 해바라기 씨를 잡고 눈을 감고 음미하는 모습이라니. 다음 씨앗을 들고 갉아먹기 시작할 때만 눈을 떴다.

오호라, 음식 맛을 최대한 느끼려면 눈을 감아야 하는구나. 당연한 진리를 잊고 살았다. 눈을 감고 하얀 쌀밥을 입안에 머금자 은은한 단맛과 구수한 풍미가 입안에 퍼지며 정말로 맛있었다. 시각 정보를 일부러 차단하자 다른 지각과 사고가 두드러지게 느껴졌기 때문이다.

물론, 눈을 감는 행위는 위험을 동반한다. 안경을 벗고 걷다가 얼마나 많은 껌을 밟았는지 모른다. 그렇게 눈을 감고 양치질에 집중했는데 오늘은 치과에 갔다가 의사에게 충치가 있다는 지적을 받고 말았다. 내가 시각 정보를 조종하는 달인이 되려면 아직 멀었다.

그렇지만 시각에 내가 지배당한다는 사실을 알게 되면서 인생에서 조금은 득을 본 기분도 든다. 내 사고가 효과적으로 흘러가는 환경이 되도록 시각을 조종하는 꼼수를 터득하고 있기 때문이다.

··• · 프로그래밍 언어를 싫어하는 과학자

싫어하는 일을 배우려면 계기가 필요하다. 그리고 막상 배워보면 의외로 즐거워지는 법이다. 초등학생인 내 딸은 편식이 심하다. 먹기 전에는 싫다고 까탈을 부리다가도 일단 먹기 시작하면 "맛있어요, 이거 맛있어요"라며 더 달라고 그릇을 내민다. 이런 현상이 어느 정도의 빈도로 일어나는지는 알 수 없으나 일반적인 법칙인 듯도 하다.

아내는 물리학자인 나를 가리켜 "컴퓨터 프로그램도 못 짜는 과학자"라며, 그런 과학자는 글렀다고 말했다. 그렇다. 나는 프로그래밍 언어를 싫어한다. 프로그램을 짜지 못하면서 과학 연구를 하는 자신에게 오히려 자부심을 느낀다. 컴퓨터 따위에 계산을 맡길 바에야 차라리 내가 하고 마는 과학자가 되고자 했다.

그러나 빅데이터 전성시대를 맞은 현대 과학에서 실제 물리 실험은 모두 프로그램으로 이루어진다. 이런 상황에서 '이 몸은 계산을 직접 하신다'고 말하면 아무래도 허세로 느껴지게 마련이다.

굳이 내 자랑을 한다면 지금 이 원고를 쓰는 컴퓨터에 인공지능 프로그램이 깔려 있다. 이 인공지능 프로그램 일부는 내가 직접 짰다. 기묘하게도 '프로그래밍 언어는 싫어!'라고 초등학생처럼 떼를 썼으면서 내 손으로 프로그램을 짰다고 흐뭇한 표정으로 여기서 자랑스럽게 떠벌리고 있다. 그렇다. 나에게도 '계기'가 있었다.

인공지능이 바둑 세계 챔피언을 눌렀다는 뉴스가 2016년에 세계를 강타했다. 그해 인공지능의 심장부인 딥러닝의 개념을 처음 알게 된 나는 내가 하는 소립자 물리학과의 유사성을 깨달았다. 그 아이디어는 지금까지 내 머릿속을 차지하고 있는데 초기에는 그 아이디어가 좀처럼 연구로 진행되지 않았다.

결국, 인공지능의 이론적 개념을 알기만 해서는 내 분야인 소립자 연구로까지 그 아이디어를 승화시킬 수 없다는 것을 깨달았다. 인공지능을 내 컴퓨터에서 구동해 그 모습을 관찰하는 '실험'을 진행해야 했다. 드디어 때가 왔다. 그때까지 프로그래밍 언어를 피하기만 했던 내가 프로그래밍 언어 첫 줄을 쓰는 날이 온 것이다.

나는 '파이썬(Python)'이라는 프로그래밍 언어를 사용하기로 했다. 영국의 전설적 코미디 그룹인 '몬티 파이썬(Monty Python's Flying Circus)'에서 이름을 따왔는데, 전 세계적으로 인공지능 프로그래밍에 널리 사용되고 있다. 내 파이썬 숙련도는 아직 낮은 수준이지만, 내 컴퓨터로 인공지능을 움직인다는 쾌감은 어마어마하다. 기계가 학습하는 모습을 바라보며 마시는 맥주 맛은 정말 최고다.

물론 학습 진도가 나갈 만큼 프로그래밍을 완성하기까지는 수많은 시련을 거쳤다. 예를 들어 문법을 잘못 작성하면 파이썬 님께서 불호령을 내리신다. '네 녀석이 작성한 이 부분이 틀렸으니 수정하도록!'이라는 식으로 콕 집어서 지적한다. 상대방은 컴퓨터라 내가 발끈해봤자 소용이 없다. 크게 심호흡하고 마음을 다스리는 수밖에.

우리가 일상 대화에서 사용하는 언어는 '자연 언어'라 부르는

데 논리적 정확성이 요구되지는 않는다. 한국어나 일본어는 주어를 생략할 때도 많고 예외적 용법도 셀 수 없이 많다. 반면 프로그래밍 언어는 정확성을 첫 번째로 요구한다. 이처럼 자연 언어와의 차이가 프로그램을 배울 때 가장 족쇄가 될 수도 있다.

"음, 코딩은 파이썬보다 C언어로 짜는 게 더 빠를 텐데"라는 지인의 말을 들으니 프로그래밍 언어를 여러 개 구사할 수 있는 사람들이 부러워졌다. 세상의 다양한 프로그래밍 언어에는 각각을 연결하는 번역 소프트웨어가 있고, 각자 목적에 적합한 언어를 선택할 수 있다. 세상에 영어나 중국어 등 갖가지 언어가 존재하는 모습과 닮았다.

'프로그래밍 언어가 원어민(네이티브 스피커)인 사람'에게 이야기를 들어보니 중학생 시절 집에 컴퓨터도 없는데 종이에 연필로 프로그램을 짜며 놀았단다. 듣고 보니 나도 거의 척수반사처럼 모국어인 일본어로 대화하며 고등학교 때까지 생활했다. 만약 고등학교 이전에 습득한 언어를 네이티브라 부른다면 그 친구는 네이티브 프로그래머다. 그 친구 눈에는 세상이 어떻게 보일까?

앞으로 컴퓨터가 더 발달하면 자연 언어와 프로그래밍 언어의 차이도 줄어들지 않을까? 물리학자는 물리학으로 세계를 보는 직업이다. 물리학은 이번 1세기 사이에 크게 발전했고 세상을 보는 관점도 달라졌다. 물리학의 주춧돌이 운동 방정식이라

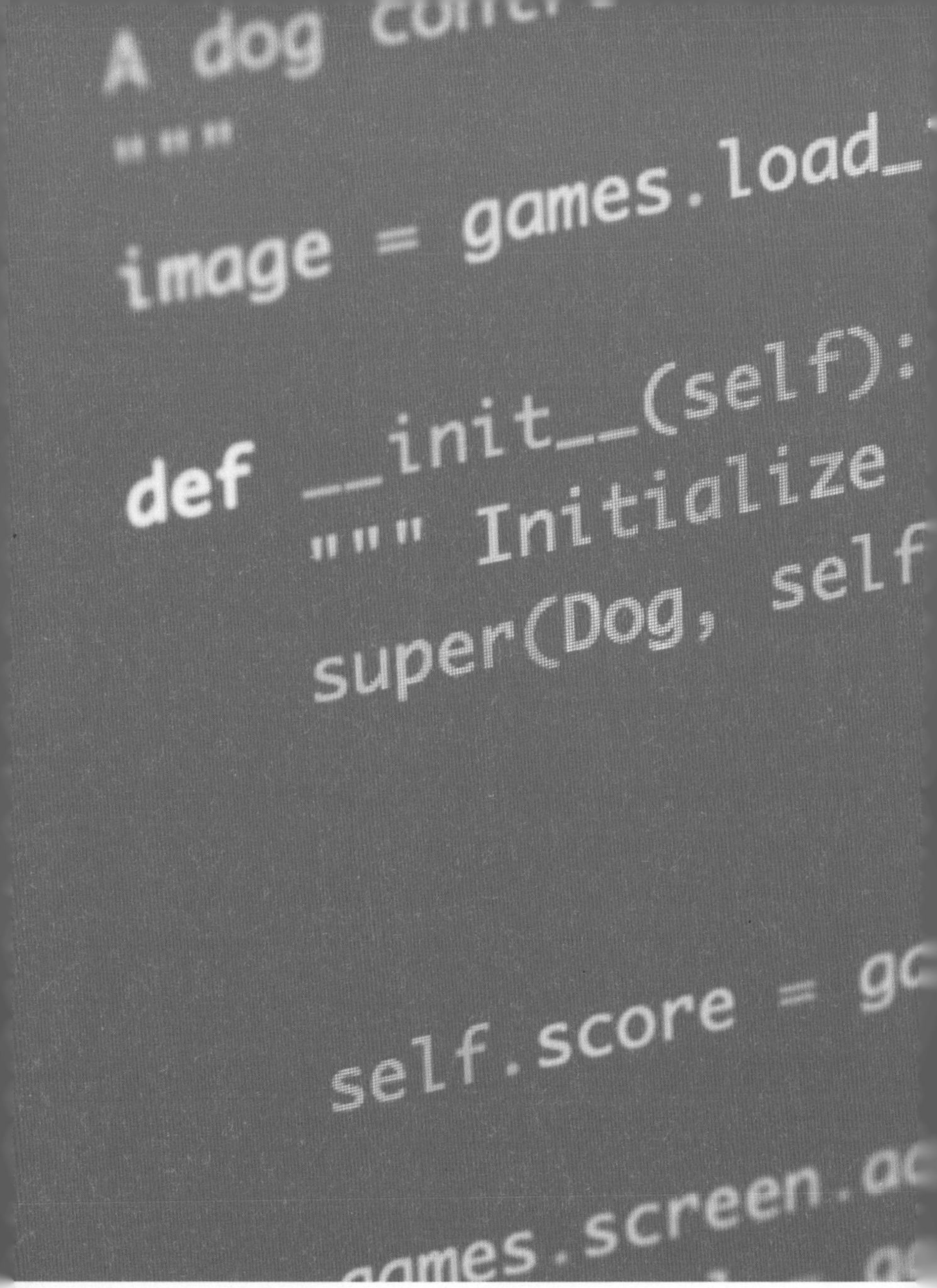

세상의 다양한 프로그래밍 언어에는 각각을 연결하는
번역 소프트웨어가 있고, 각자 목적에 적합한 언어를 선택할 수 있다.
세상에 영어나 중국어 등 갖가지 언어가 존재하는 모습과 닮았다.

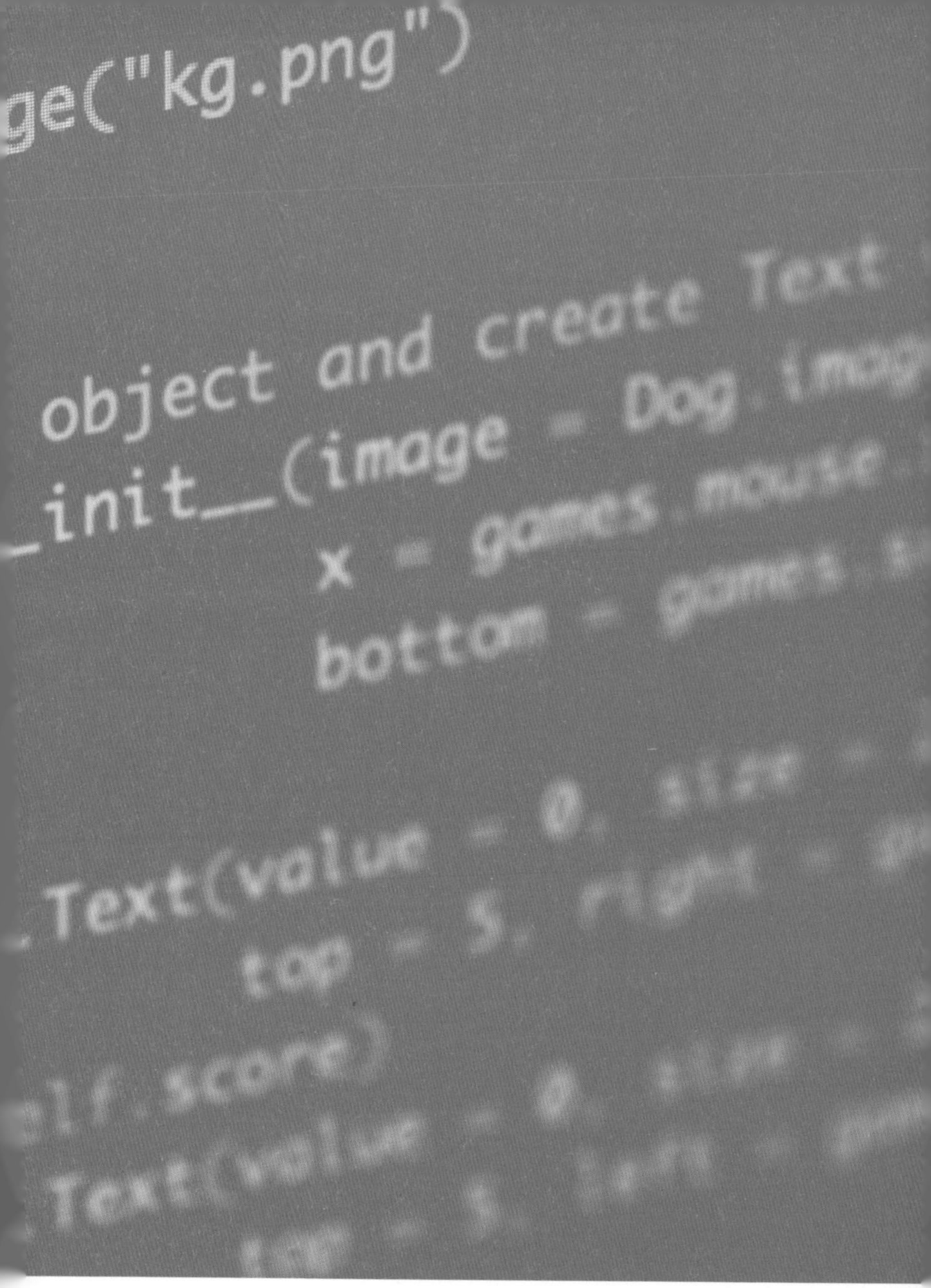
ge("kg.png")
object and create Text
_init__(image
x
bottom
Text(value
top
lf.score)
Text(value

면 컴퓨터의 주춧돌은 프로그래밍 언어다. 앞으로 세상의 변화를 살핀다면 이보다 더 나은 배움의 대상은 없다.

나는 영어를 정복하기 위해 미국에서 1년을 보내야 했다. 프로그래밍 언어도 마찬가지로 프로그래밍에 신물이 나도록 파고들지 않으면 익히지 못하리라. 그렇게 생각하며 오늘도 파이썬님께 3분마다 혼쭐이 나며 프로그래밍 언어를 한 줄씩 써 내려가고 있다.

···•· '수식'과 '여성' 중 더 아름다운 쪽은?

얼마 전에 코미디언인 히가시노 고지(東野幸治)가 MC를 맡은 텔레비전 프로그램에 출연했다.

"과학자는 수식을 보면 아름답다고 느끼나요?"

"아무래도 그렇죠."

질문을 받자마자 반사적으로 대답하자 연속으로 질문이 날아왔다.

"그렇다면 수식과 여성 중 어느 쪽이 더 아름답다고 생각하십니까?"

순간 말문이 막혔다.

"그럴 때는 수식이라고 대답하셔야죠!"

MC 히가시노 씨의 재치에 녹화장이 웃음바다가 되었다.

강연회에서도 자주 받는 질문이 있다.

"어린 시절에 밤하늘의 아름다움에 감동해서 우주를 연구하게 되셨나요?"

나는 밤하늘에 총총한 별을 관찰하기를 좋아했던가? 답은 '아니오'다. 내가 밤하늘을 제대로 올려다본 것은 초등학교 때 밤하늘 관찰 숙제 덕분이었다. 나는 눈이 나빠서 별이 전혀 보이지 않았다. 그래서 나에게 밤하늘은 원망의 대상이었다.

대학생 시절에는 추간판 탈출증을 앓아 요통을 달고 살았는데 허리를 주무르며 풀밭에 누워 하늘을 올려다보았다. 하늘은 내 뜻대로 되지 않는 몸뚱이를 원망하는 마음과 연동돼 있었다.

태양의 운동 같은 과학적 현상에는 어려서부터 흥미가 있었다. 하지만 우주의 종말에 관한 책을 읽어도 왜 그 책에 적힌 내용처럼 생각해야 하는지 이해할 수 없어 답답함만 쌓였다.

과학자를 장래희망으로 삼는 계기가 될 만큼 자연에 대해 설레는 감정이나 미적 감각은 나에게 없었다. 자연에 무감각한 내가 있을 뿐이었다. 오히려 왜 그런 식으로 보이는지 납득할 만한 원인을 찾지 못해 좌절감을 느꼈다. 이런 뜻밖의 이야기를 하면 놀라서 실망하는 사람도 많다.

사실 나는 수학에 끌렸다. 수학은 자연과 전혀 달랐다. 정해진 규칙 안에서 만인이 수긍할 수 있는 형태로 논리가 구축되고 그 논리가 신비로운 결말을 이끌어냈다. 수학의 세계는 안심할 수 있는 세계였다. 좋아하는 화가를 물으면 네덜란드 판화가 마우리츠 에스허르(Maurits C. Esccher)라고 대답한다. 에스허르 그림 뒤에 숨어 있는 기발한 수학적 구성에 아름다움을 느꼈다. 평면에 그려진 디자인이나 패턴이 무엇이든 수학적 그림이면 뭐든지 좋았다. 그래서 고등학교 수학에서 배우는 그래프가 에스허르의 그림보다 아름답다고 생각했다.

초등학생 시절 즐긴 놀이는 레고, 미로 그리기, 숫자 놀이였다. 한번은 친구따라 메뚜기를 잡으러 갔는데 메뚜기의 행동에는 불안정 요소가 너무 많았다. 그래서 그런 이해할 수 없는 생물을 잡는 행위를 즐길 수 없었다. 반면 메뚜기 그림은 도감에서 몇 시간씩 들여다보며 날개 구조와 다리 모양 등을 베껴 그렸다. 메뚜기가 나는 원리가 다리의 구조 때문임을 스스로 알아내고 나서야 안심할 수 있었다.

나는 무엇을 아름답다고 생각하며 살아왔던가. 인생의 전반부를 돌아보면 과학적 현상, 예를 들면 밤하늘을 아름답다고 느낀 적은 없지만, 대신 수학과 같은 구조를 아름답다고 느꼈음을 확실히 알 수 있다. 따라서 과학적 현상을 아름답다고 느껴서 과학자에 뜻을 두지는 않았다.

그렇다면 과학은 아름다운가? 누가 묻는다면 뭐라고 답해야 할까? 이 질문에 답하려면 '아름다움이란 무엇인가?'라는 질문을 먼저 고찰할 필요가 있다. 아름다움은 감각이지 설명이 아니다. 불안이 안심으로 바뀌는, 그런 기분이 더욱 고양되고 그 후 안정을 찾는 것이 '아름다움을 느끼'는 원리가 아닐까.

나는 20대까지 인생이란 자신의 전문성을 좁혀가는 과정이라고 생각했다. 관심사를 보다 좁혀가는 과정이 자신감을 높이고 안정으로 이어진다는 신념이었으리라. 전문성을 좁혀가는 과정이 인생에서 아름다움을 계속 느끼고 확실하게 하기 위한 내 나름의 방법이었다. 요컨대 나는 논리를 구축할 때 느끼는 '미'를 추구하기 위해 내가 생각하고 느끼는 대상의 범위를 점점 좁혀 나가 그 좁은 영역 안에서 자신감을 북돋우고 안심시켜준다는 의미의 아름다움을 사랑하게 되었다.

대학원에서 물리학 박사 학위를 취득하고 나서 한동안은 그렇게 살았다. 당연한 결과로 우주와 소립자 등 물리학 연구로 채워진 내 논문에는 '미터' 등의 단위가 전혀 나오지 않았다. 나는 구조의 아름다움을 사랑했지 과학 현상을 사랑하지 않았을지도 모른다.

지금 생각하면 그렇게 옹졸한 '미의식' 비슷한 사고방식이 도대체 언제 내 안에서 싹텄을까? 스스로에게 물어보아도 사실은 아직 제대로 싹조차 트지 않았다는 답이 가장 적절하다. 글로 적힌 수식은 아름답다고 느낄 때가 많아도 아름다움에 이끌려 연구하고 있다는 의식은 없다. 아마 무의식 중에 느꼈을 미적 감각으로 내 물리학 연구가 진행되었으리라 짐작한다.

그래서 '과학이 아름다워서 연구한다'는 말에는 동의할 수 있어도, 그 아름다움이 과학자 모두가 공유하는 아름다움이라는 주장에는 의심을 갖게 된다.

"하시모토 씨가 쓴 이번 논문은 아름답네요."

누가 내 논문을 칭찬하면 입이 귀에 걸릴 만큼 기쁠 것이다. 그만큼 '아름다운 이론'이라는 말은 칭찬이다. 하지만 그런 말을 들었을 때조차 나 자신이 그 정도로 내 논문을 아름답다고 생각하지 않을 때도 많다. 과학에서 아름다움은 매우 개인적인 개념이다.

'무엇이 아름다운지 모르겠다'고 푸념하는 사람이 많고 예전에 나도 그랬다. 하지만 어차피 아름다움이란 머리로 아는 게 아니라 가슴으로 느껴야 하는 법. 그러니 아름다움을 모르는 게 당연하다. 텔레비전의 버라이어티 프로그램에서 '이 그림은 아름답고, 저 그림은 더 아름답다'는 식으로 설명한다. 그런 설명은 타인과의 소통에 필요한 '미'의 사전 지식이며, 일정 정도 훈련을 쌓은 사람이 느끼는 아름다움과 훈련을 거치지 않은 초보가 느끼는 아름다움은 물론 완전히 다르다. 따라서 어느 쪽이 옳다든가 어느 쪽이 고상한지 따질 필요는 없다.

또 사전 지식이 거의 같다고 쳐도 거기서 파생하는 미의 감각은 지극히 개인적이다. 그 감각에는 각 개인의 인생이 반영되어 있기 때문이다. 과학에서의 아름다움도 마찬가지다. 사전 지식의 차이 그리고 과학자로서의 경력 차이 등, 그 차이들이 만드는 미의 감각은 과학자에 따라 엄청나게 다르다고 생각한다.

그런데도 "아름다운 논문이네요"라는 말이 칭찬인 이유는 미의 일부가 과학자의 내면에서 공유되기 때문이다. 그리고 그 감각은 과학자 이외의 사람들에게도 넓은 의미에서 공유된다고 상상한다. 사람들이 사회에서 자연의 신비를 풀어주는 과학자라는 직업이 필요하다고 생각하는 건 그 미적 감각이 있기 때문이라고 믿고 싶다.

그러나 전문가의 미의 세계와 일반인의 미의 세계가 분리되는 순간, 미의 체계는 죽고 만다. 과학에서 미는 과학자의 내재적 감각이므로 최첨단 과학기술의 발전과 새로운 과학 개념의 등장으로 급격히 변화한다. 그러면 일반적인 과학의 미와 과학자가 느끼는 미는 분리될 것 같은 기분이 든다.

정말로 과학이 일반 사회와 분리되어버리는 순간에 과학은 죽음을 맞이하리라. 그러나 현실에서 과학이 사라지지 않는 이유는 과학의 성과 중 아주 일부가 기술로 이어져 인류 생활에 변혁을 일으키기 때문이 아닐까. 또 과학이 인류가 지닌 궁극의 논리 구조인 수학에 기반을 두고 있어, 모든 사람이 그것을 이해하는 방법이 확보되어 있기 때문이 아닐까.

과학에서 미의식은 이처럼 섬세하다. 또한 인류가 과학을 발전시켜 나가는 과정에서 필수적인 요소다. 그러나 미의식이 개인적 개념인 이상, 과학에서 미를 논하는 건 무엇이 과학에서의 아름다움인지를 정하기 위해서가 아니다. 더욱이 그 미의식이 어떻게 과학을 만들어내는가 하는 메커니즘은 과학적으로는 판명되지 않았다. 따라서 현시점에서 나와 같은 과학자가 아름다움을 이야기하는 것은 과학을 연구하는 과학자들의 개인적 감정을 토로함으로써 격려와 위로로 삼기 위해서일 뿐이라는 비관적인 생각이 든다.

··•· 여행가방 바퀴 소리와 기하학의 상관관계

뉴욕 공항에서 이 글을 쓰고 있다. 내 눈앞으로 수많은 여행자가 바퀴 달린 여행가방을 끌고 지나간다. 바닥이 반질반질하게 닦여 있어 여행가방 끄는 소리도 내지 않고 종횡무진 오가고 있다.

물론 여행가방 끄는 소리가 나지 않을 만큼 매끄러운 바닥은 쾌적한 환경을 제공한다. 하지만 나는 여행가방을 끄는 딸깍딸깍 소리를 좋아한다.

도심 거리의 보행로에서 여행가방을 끌면 보도블록의 기하학 패턴에 따라 다양한 리듬의 소리가 들린다. '탕, 탕, 탕', '터덩, 터덩, 터덩'처럼 단조로운 소리부터 말로 표현할 수 없는 복잡한 소리까지 다양한 소리를 들을 수 있다. 길 위에서 진행 방향을 바꾸면 리듬이 완전히 달라진다.

보행로를 관찰하면 온갖 모양의 보도블록으로 표면을 촘촘하게 채워놓았다. 가장 대중적이고 단순한 모양은 정사각형인데, 팔각형이나 삼각형 심지어 육각형도 있다. 때로 여러 종류의 보도블록으로 채워놓은 디자인도 있다. 마름모꼴과 정사각형의 조합, 삼각형과 육각형의 조합. 이러한 평면 채우기(tiling 또는 tessellatio) 문제는 고대 그리스 시대부터 수학에서 고찰되어왔다.

보행로에 깔아놓은 보도블록의 패턴을 먼저 눈으로 확인하고, 그 위를 여행가방을 끌면서 걷기 전에 소리를 상상한다. 그리고 드디어 걷기 시작한다. 상상한 대로 소리가 나면 해냈다며 히죽 웃는다.

걷는 도중에 보도블록 패턴이 바뀔 때도 있다. 패턴이 바뀌는 장소를 통과하는 것도 즐거움 중 하나다. 일정하게 같은 패턴 위를 걸을 때도 실은 여행가방 바퀴 사이의 너비와 보도블록 크기의 상관관계에 따라, 또 끄는 장소에 따라 리듬이 완전히 달라지기도 한다. 조금씩 힘을 조절하며 가방을 끌어 소리의 차이를 즐긴다. 역이나 공항이나 인도에서 이렇게 즐거운 한때를 보내다 보면 어떤 때는 다른 사람들의 통행에 방해가 될 수도 있다. 지면을 빌려 용서를 구한다. 그런데도 멈출 수 없다.

옛날부터 손가락으로 무릎을 치며 리듬 타는 것을 좋아했다. 다채로운 리듬을 직접 만드는 경험이 즐거웠다. 하지만 그것은 리듬을 스스로 만들고 그 리듬에 몸을 맡겨 사고 정지의 쾌락에 몰입하는 것일 뿐이었다. 여행가방 바퀴 소리를 즐기는 취향과는 약간 이유가 다르다. 여행가방을 끌며 보도블록에 숨은 기하학을 느끼고, 수학이 뒷받침하는 다양한 리듬이 직접 뇌에 도달하는 감각이 짜릿한 쾌감을 선사한다.

수학을 어떤 감각으로 치환해 느끼고 즐기는 데 집착하는 버릇은 소립자 물리학자라는 직업병 탓일 수도 있다. 소립자는 너무 작아서 눈에 보이지 않지만, 그 방정식으로 이 세계의 모든 것이 이루어져 있기 때문이다. 방정식의 수학 구조를 이 세계의 표현으로 연결하는 일이 이론물리학자의 업무다.

물리학자가 되기 전 대학생 시절에 멋대로 드나들던 연구실에서 고차원 다포체(다면체의 고차원 버전)를 염화비닐(vinyl chloride) 판으로 만들어보았다. 고차원 공간을 눈에 보이게 만들고 싶었는데 막상 만들고 보니 복잡하고 번거롭기만 할 뿐 의도한 대로 되지는 않았다.

초등학생 무렵까지 거슬러 올라가면 컴퍼스를 쓰지 않고 공책에 연필로 아름다운 원을 그리는 연습을 몇 번이고 되풀이했던 기억이 난다. 원이라는 완벽한 도형을 어떻게 내 서툰 손재주로 만들어낼까 고심하며 아름다운 원을 그리기 위한 손의 감각을 터득하는 과제에 도전했다.

옛날부터 나는 불가사의하고 복잡하기 이를 데 없는 이 세상을 싫어했다. 이 세상은 본래 아름다운 논리의 세계라고 믿고 싶었는지도 모른다. 수학과 물리학을 배우면 이 세상이 아름다운 논리로 구성되어 있다는 자명한 사실을 알 수 있다. 그러나 내 주위에 보이는 진짜 세상이 그렇게 아름답다는 느낌을 받은 적은 거의 없다. 그래서 여행가방 바퀴가 일으키는 음악에 몸을 맡기고, 기하학이 이 세계를 지배한다고 믿는 순간이나마 마음의 안식을 얻을 수 있었다.

놀랍게도 뉴욕의 사이먼스 기하학·물리학 센터에는 펜로즈 쪽매맞춤(Penrose tiling, 177쪽 사진)이라는 특수한 블록을 깐 안뜰이 있다. 수학자인 로저 펜로즈(Roger Penrose)가 발견한 이 간결한 문양은 비주기적이다. 즉 이 위에서 여행가방을 끌어도 절대 반복적인 리듬이 만들어지지 않는다.

나는 이 안뜰에서 내 여행가방을 조심조심 끌어보았다. 여행가방이 내는 소리는 예상대로 매우 불쾌했다.

2011년 노벨 화학상은 '준결정의 발견'에 주어졌다. 이 우주에는 자연스럽게 비주기적인 원자가 늘어서 있는 상황이 존재한다는 이론이다. 세상은 생각만큼 단순하지 않다. 앞으로 인류가 비주기의 과학을 정복할 때에야 비로소 내가 이 펜로즈 타일링 위에서 여행가방이 내는 소리를 마음 편하게 느낄 수 있게 될까.

상반되어 보이는 '과학'과 '감정', 이 둘의 엇갈림을 즐기며 애증을 느끼는 나라는 사람이 있다.

뉴욕 사이먼스 기하학·물리학 센터에는
펜로즈 쪽매맞춤이라는 특수한 블록을 깐 안뜰이 있다.
수학자인 펜로즈가 발견한 이 간결한 문양은
비주기적이다. 즉 이 위에서 여행가방을 끌어도
절대 반복적인 리듬이 만들어지지 않는다.

미국인 지인과 식사를 하다 겪은 일이다.

"이 음식 좋아해?"

"뭐, 그럭저럭 좋아해."

불쑥 들어온 질문에 반사적으로 대답했다. 사실 딱히 좋아하지 않는 음식이었다. 친한 사이라 특별히 거짓말을 할 필요도 없었고, 얻어먹는 자리도 아니라 예의상 맛있다고 할 필요도 없었다. 그런데도 나는 왜 거짓말을 했을까? 어떤 음식을 좋아하고 싫어하고는 '진심과 가식'을 따질 일이 아니기에 본심과 반대되는 말을 굳이 할 필요가 없을 터였다.

나중에 곰곰이 생각해보니 영어로 물었을 때와 일본어로 물었을 때 내 대답이 완전히 반대로 나올 때가 있다는 사실을 알게 되었다. 영어로 말할 때는 인격이 달라진다. 소름 끼치는 일이다. 나도 모르는 사이에 또 하나의 자아가 자라고 있었다.

물론 대화 상대에 따라 내 대답의 표현을 바꾸는 건 당연하다. 하지만 대화 상대보다는 영어로 말한다는 환경에서 달라진다는 사실을 자각하기 시작했다.

이유는 대강이나마 짐작이 갔다. 20대 후반에 캘리포니아살이를 시작했다. 그때까지 일본에서 당연히 사용하던 일본어, 모국어를 영어로 번역하기만 해서는 인간관계가 원만하게 풀리지 않았다.

예를 들면 이런 식이다.

"어이, 반갑다."

"오랜만이네. 잘 지냈어?"

"나야 잘 지냈지. 너는?"

"아, 나도 잘 지냈지."

이런 식으로 대화가 이어지면 합격이다.

그런데 여기서 융통성 없이 곧이곧대로 대답한다고 치자.

"아니, 별로 잘 못 지냈어. 그래도 잘 지내냐고 물었으니 잘 지낸다고 대답해야겠지."

상대방의 표정이 어색해지고 걱정스러운 표정으로 나를 바라본다. 그래서 일단 '잘 지낸다'는 말의 정의를 넓게 잡아두고 대체로 나는 잘 지내는 상태라고 인식하는 것이 더 편하다.

물리학자는 매일 연구 과제로 토론하고 그 연구 성과를 논문으로 발표하는 일을 업으로 삼는 사람이다. 공동 연구자와 토론하는 게 일과다. 그 토론 방식이 캘리포니아에서는 완전히 달랐다. 입에서 나오는 대로 마구 떠들어댄다. 물리학의 새로운 아이디어를 누군가 이야기하기 시작하면 '맞아, 옳소', '아니, 그건 좀 아닌데' 같은 대화가 봇물처럼 이어지고 전혀 멈춰지지 않는다. 초반에는 당황했다. 연구 토론이 이루어지지 않으면 연구를 할 수 없다.

이론물리학자의 연구는 수식으로 작성되는데, 일본에서는 공동 연구자와 입을 꾹 다문 채 그 수식을 눈으로 뚫어지게 바라보며 각자 골똘히 생각하기만 해도 '토론'이 성립했다. 그런데 캘리포니아에서는 수식 앞에서 자신의 아이디어를 주장하지 않으면 토론이라고 할 수 없었다.

연구자들끼리 둘러앉아 점심을 먹다가도 불시에 물리 토론이 눈사태처럼 밀려오는 그쪽 방식을 따라가지 못해 점심 때마다 주눅이 들었다. 내가 연구에 보탬이 되지 못한다는 기분이 들어 서글펐다.

매일 같이 밥을 먹는 동료 중에 인도인 연구원이 있었다. 그 친구는 언제나 싱글벙글 웃으며 다른 사람의 이야기를 듣기만 하고 토론에는 참여하지 않았다. 그래서 그 친구에게 왜 토론에 끼어들지 않는지 물어보았다.

"나라마다 토론 스타일이 다르잖아. 저 친구들 스타일은 나하고는 안 맞아. 저렇게 빨리 말하면 내가 하는 말이 과학적으로 옳은지 그른지 판단할 겨를이 없잖아. 그런 토론 스타일은 내 취향에 안 맞아."

그 친구가 대답했다.

그 순간 깨달았다. 그래, 문화의 차이는 물리 토론 스타일에도 큰 영향을 미치는구나. 어느새 나도 분위기에 휩쓸려 새로운 문화에 적응하느라 종종대고 있었구나.

깨달음을 얻은 후에 생각했다. 이대로 내 일본 스타일을 고수할까, 아니면 로마에 가면 로마법을 따르라는 말처럼 캘리포니아식 토론 스타일을 익힐까. 나는 후자를 선택했다.

아직도 완전히 정복했다고는 할 수 없지만, 적어도 영어로 토론할 때는 일본어를 사용하는 나와는 다른 인격이 등장한다. 매번 사용 언어를 전환하면 인격도 전환된다는 느낌을 받곤 한다. 그리고 오히려 영어 사용자인 자신이 일본어 사용자인 자신에게 영향을 주고 있음을 실감한다. 다른 사람과 인사할 때도 살짝 붙임성 좋은 모습을 보이고 싶을 때는 악수를 요청하는데 그 순간에는 영어 사용자인 내가 등장한다.

말이 다르다는 얘기는 말로 만들어진 생각도 달라질 수 있다는 뜻이다. 어느 날 비행기 안에서 연구 일지를 쓰고 있는데 옆자리 사람이 갑자기 말을 걸었다.

"저기요, 초면에 실례인 줄은 알지만, 너무 궁금해서요. 도대체 어떤 언어로 생각하시나요? 일본어? 영어?"

질문을 받고 나서 내 일지를 보니 수식과 함께 일본어와 영어가 뒤죽박죽으로 섞여 있었다.

어느 쪽일까. 나도 모르겠다. 아마, 어느 쪽도 아닐 가능성이 크다. 그게 진정한 내가 아닐까.

제3장

물리학자의 기상천외한 생태 엿보기

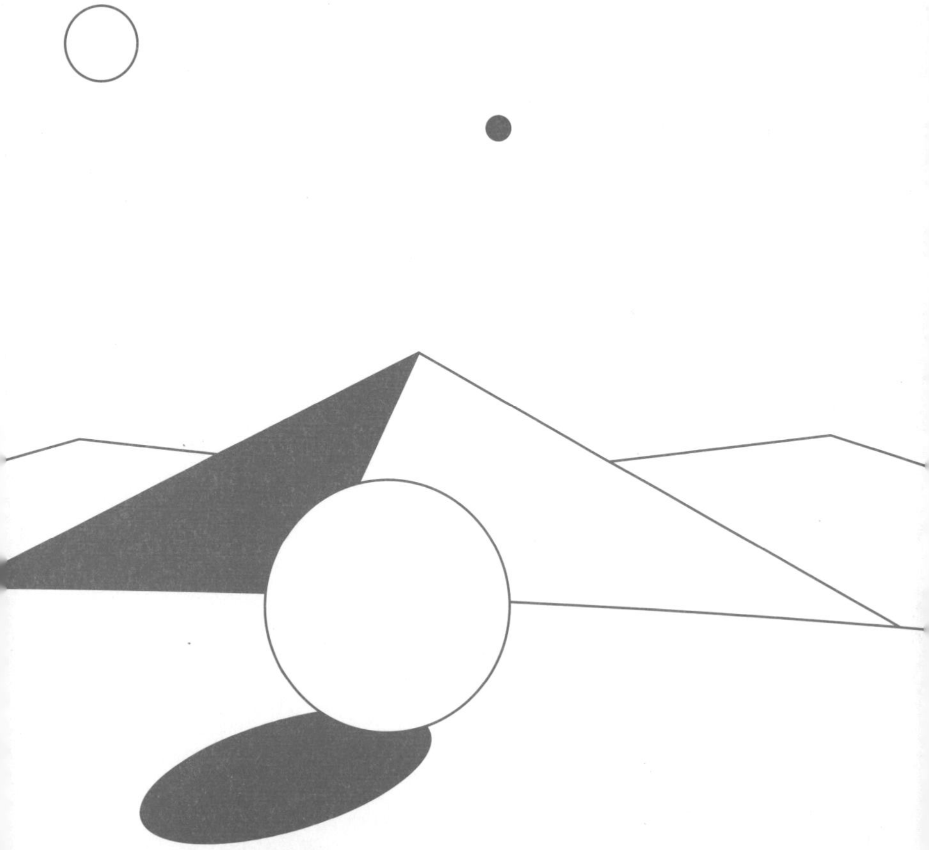

···•· 상식의 경계를 뛰어넘으면 새 이론이 탄생한다?

온천장에 갔을 때의 일이다. 모든 준비를 마치고 드디어 온천에 들어가려고 욕장 문을 기세 좋게 열어젖혔다. 허리까지 치렁치렁 머리채를 늘어뜨린 사람이 벽을 향해 서서 정성스럽게 샴푸 거품을 내며 머리를 감고 있었다.

"죄, 죄송합니다! 처음 와서 헷갈렸습니다!"

허둥지둥 욕장을 나와 문을 닫고 탈의실을 돌아보았다. 죄다 연배가 있는 남성들뿐이었다. 아무리 봐도 남탕인데, 그렇다면 조금 전 긴 머리의 주인공은?

알고 보니 두 학년 위의 선배였다. 대학원에 들어간 나는 처음으로 '소립자 이론 연구실'에 배속되어 오랫동안 꿈꿔왔던 연구원 생활을 시작하며 의욕으로 가득차 있었다. 당시 나는 새내기 대학원생으로서 기인 열전에서 출연 제의가 들어와도 이상하지 않을 정도로 독특한 선배들을 만나게 되었다.

연구실에 배속되어 처음으로 연구실을 두리번거리다 시선이 멈춘 곳은 창가 책상이었다. 거기에는 러시아어와 긴 수식으로 빽빽하게 채워진 두툼한 공책이 흩어져 있었다. 같은 연구실 선배에게 누구의 책상인지 물어보았다.

"아, 저 책상? ○○ 책상이야."

두 학년 위 선배 이름이었다.

"러시아어 공부해야 하는 줄 알고 겁먹었지? 저 친구 취미야. 할 필요 없으니까 괜히 기죽지 마."

나중에 그 선배를 처음 만났을 때 경악했다. 고대인이라고 착각할 정도로 허리까지 치렁치렁 늘어뜨린 장발을 흩날리고 있었다. 이 선배가 연구실 합숙 때 온천 욕장에서 나를 혼비백산하게 했던 장본인이었다. 참고로 그의 첫 인사말은 러시아어가 아닌 평범한 일본어였다.

연구실에는 괴짜를 넘어서 별종이나 기인 범주에 들어가는 선배가 많았다. 가령 매일 검은색 옷밖에 입지 않은 선배가 열한 명이나 있었다.

"왜 매일 검은색 옷만 입고 다니세요?"

몇 년이 지난 뒤 너무 궁금해서 그중 한 선배에게 물어보았다.

"검은색이 개념이니까."

이런 대답이 돌아왔다.

또 온종일 인형을 품에 안고 다니는 선배도 있었다. 걸어다닐 때마다 한쪽 신발만 '슈슈' 소리를 내는 선배도 있었다. 하숙집에서 각시투구꽃을 재배하는 선배도 있었다. 참고로 각시투구꽃 뿌리는 사약의 재료로 사용되는 독극물이다. 각시투구꽃을 키우는 선배는 특히 더 유별났다.

"우박이다! 맞으면 아플까?"

제법 굵은 우박이 내린 날 그는 밖으로 뛰쳐나가 온몸으로 우박을 맞으며 인생의 아슬아슬함을 시험했다.

어느 선배나 최고로 멋졌다. 나는 그들에게 푹 빠졌다. 대학원 2학년 무렵에는 선배들을 동경해 나도 머리를 기르기 시작했다. 몇 개월 만에 어깨를 덮을 정도로 머리가 자랐을 때 거울을 보고 끔찍하게 어울리지 않는다는 사실을 깨달았다. 당장 이발소로 달려갔다.

연구실 은사님 중 한 분인 어느 교수님은 여름이 오면 아찔하게 짧은 수영팬츠 차림으로 연구실 복도를 돌아다니셨다. 제대로 손질하지 않아 마구 뻗치고 북슬북슬하게 부푼 곱슬머리는 흡사 큰 바위 얼굴처럼 보였는데, 머리 크기는 날마다 변화했다. 그러다 석 달에 한 번 갑자기 머리가 작아지는 현상이 관측되는데, 그 현상을 우리는 소립자 물리학 전문용어로 '재규격화'(계산 결과가 무한대로 나올 때 유한대로 나오도록 조작하는 과정)라고 불렀다. 물론 그날은 3개월에 한 번 교수님이 이발소에 다녀오신 날이다.

연구실에는 저명한 물리학자인 레프 란다우(Lev Landau)의 사진이 책장 위에 세워져 있었다. 란다우도 곱슬머리였는지 교수님과 머리 모양이 똑같았다. 나는 곱슬머리가 아닌 내 직모를 저주했다.

한번은 러시아어를 유창하게 구사하는 장발 선배와 저녁을 먹으러 갔는데, 그 선배 혼자 메뉴를 통일하지 않고 특이한 카레를 주문했다. 맵기가 일반 카레의 20배나 되어 한 숟가락만 먹어도 혀가 마비될 것 같은 시커먼 카레였다. 연신 "맛있다"를 외치며 먹는 선배를 보며 나는 그 맛을 즐길 수 없는 나약한 내 혀를 원망했다.

한마디로 연구실을 비유한다면 소립자 이론 연구에 집중한 나머지 상식을 저버린 사람들의 집합체라고 할 수 있다. 패션잡지에 나올 법한 세련된 사람은 한 명도 없다. 요즘은 남자들도 이발소가 아닌 미용실에 가서 머리 손질을 한다는데 어찌 된 일인지 우리 연구실에는 그런 사람이 한 명도 없다. 나도 다른 사람의 외모나 품행에 크게 신경 쓰지 않는 인간으로 단련된 덕분인지 자잘한 부분은 기억하지 못한다. 어느 선배가 안경을 꼈는지조차 전혀 떠오르지 않는다. 그 연구실에서 장장 5년을 버텨낸 덕분에 지금의 내가 될 수 있었다.

나는 연구실 4년 차를 맞이하며 약혼반지를 끼기 시작했다. 연구실에서 누가 물어보면 뭐라고 대답할지 생각하는 사이에 어영부영 1년이 지났다. 누구도 알아채지 못했다. 옆구리 찔러 절 받는 심정으로 기다리다 지친 나는 연구실 동기에게 손가락의 반지를 가리키며 말했다.

"벌써 1년 전부터 이 반지를 끼고 다녔어."

"어!?"

동기는 말문이 막힌 듯 말을 잇지 못했다.

나도 다른 사람의 외모 변화를 개의치 않기에 똥 묻은 개가 겨 묻은 개를 나무라는 격이지만, 어쨌든 나는 우리 연구실을 사랑한다. 이곳에서는 물리학을 화제로 시간 가는 줄 모르고 토론하고 선배와 후배, 학생과 교수의 구별 없이 자유롭게 의견을 교환하며 밤새워 계산하고 아침에 결과를 비교할 수 있다.

우리 연구실에는 외모나 행동, 상식의 경계가 전혀 없었다. 상식을 천연덕스럽게 버리는 선배들을 진심으로 존경했다. 그런 선배들과 교수님에게서 경이로운 새 이론이 탄생하는 순간을 몇 번이나 목격했기 때문이다. 그렇게 소립자 이론의 조류가 탄생하고 증폭되어 과학이 진보한다. 기인 선배들은 지금 일본의 주요 대학에서 교편을 잡고 과학계의 버팀목이 되고 있다. 이번 주에도 어느 기인 선배가 소립자의 성질을 예언하는 새로운 이론의 논문을 발표해 즐겁게 읽었던 참이다.

생활과 과학이 하나가 되는, 그것이 여러 의미에서 실현되는 연구실. 그런 나날들은 지금도 이어지고 있다.

나는 자연과학에 몸담은 지 오래되었으나 자연과학에 몸담지 않은 사람들과 소통할 때 오랫동안 상당히 애를 먹었다. '자연과학에 몸담았다'는 말은 '자연과학부에서 연구하며 생활했다'거나 그와 유사한 상황을 일컫는다. 왜 일반인들과 소통에 어려움을 겪을까?

최근에 그 이유를 알고 수긍했다. 나는 '자연과학부의 언어'로 말하고 있었다. '자연과학부 언어'는 내가 만든 조어다. 이 언어는 겉으로는 일본어인데 속을 들여다보면 다른 언어로 기능한다. 일반적으로 언어가 다르면 번역을 거쳐야 한다. 혹은 통역이라는 매개체가 필요하다.

2개 국어를 다루는 사람은 양국의 언어와 비모국어를 나름대로 공부해서 다룰 수 있게 된다. 실제로 자연과학부 근처에서 내가 만났던 사람들, 특히 나를 포함한 사람들이 말하는 언어는 어떤 의미에서 보면 외국어다. 그래서 소통이 원활하게 이루어지지 않았다.

다음의 대화를 예로 들어 살펴보자.

"그 친구와 나 사이에는 인력이 작용하고 있지."

"무리야, 무리. 영구적으로 불가능해."

학부생들 사이에 오고 가는 얼핏 평범한 대화를 자연과학부 언어로 번역하면 다음과 같다.

"그 친구한테도 나한테도 질량이 있어서 뉴턴의 중력 법칙에 따라 인력이 작용하고 있지."

"각자의 몸무게를 50킬로그램이라 가정하고 우주 공간에서 100미터 떨어져 있는 정지 상태에서 운동 방정식을 풀면, 두 사람이 만유인력에 따라 운동으로 부딪칠 때까지는 반년이 걸리겠군. 분자 운동 시간 스케일과 비교하면 영구적인 시간이라고 부를 수 있겠어. 다만 우주적 스케일과 비교하면 지극히 미미한 시간이지만 말이야."

물론 다소의 과장이 들어간 극단적 예일 수 있지만, 자연과학부 언어의 의미를 이해할 수 있는 예시 정도로 이해해두자. 쉽게 말해 자연과학에서는 모든 기술(記述)에서 먼저 가정을 명백히 밝히고 다음 단계로 계산에 활용하는 법칙을 명시한다. 그다음 그 법칙에 따라 계산을 실행하고, 마지막으로 계산 결과의 물리적 해석을 설명한다는 명확한 사이클이 존재한다. 자연과학부 사람들은 이러한 과학 사이클 훈련이 몸에 배어 있다. 그러므로 그들 사이에는 일상적 대화에서도 자연과학적 센스를 발휘해 서로 즐기는 문화가 존재한다.

물론 자연과학부 언어에 유독 집착하는 사람은 어쩌면 나 하나뿐일 수도 있다. 하지만 이런저런 대화를 이렇게 번역한다는 사실이 세간에 알려지면 소통에 적잖이 어려움을 겪는 내 고충을 조금이나마 이해받을 수 있으리라는 생각에 여기서 토론해 보려는 것이다.

물론 나도 평범하게 생활하고 있다. 평범한 생활이 무엇을 가리키는지 잘 알 수 없어도 적어도 경찰의 수사 대상이 될 만한 위험한 일에는 발을 들이지 않고 생활한다. 그러므로 모든 대화가 앞에서 예로 든 자연과학부 언어로 번역된 대화 같지는 않다. 앞에서 소개한 예문에서는 본래의 대화에 '인력', '영구' 등 물리학에서 사용하는 용어가 등장했다. 이처럼 물리학 용어 냄새를 풍기는 표현이 자연과학부 언어 사용을 부추기는 요인으로 작용하고 있다고 추정할 수 있다.

자연과학부 언어가 성가신 이유는 몇 가지가 있다. 자연과학부 언어는 일본어와의 경계가 뚜렷하지 않다. 또 자연과학부 언어는 일본어 표기를 활용하기 때문에, 언제 사용되었는지 그리고 화자가 자연과학부 언어를 모국어로 삼고 있는지가 불분명하다는 점이다. 이러한 점들이 자연과학부 언어의 화자와 그렇지 않은 화자 사이에서 대화가 시작되었을 때 큰 혼란을 초래할 공산이 크다. 물론 나에게만 해당하는 일일 수도 있다.

독자 여러분이 자연과학부 화자와 만날 때 도움이 될 수 있도록 자연과학부 언어 상용구를 몇 가지 소개할까 한다.

"얼마 냈어? 유효 숫자 두 자리로 대답해줘."

"야, 이거 어때? 다만 마찰은 없다는 조건으로 부탁해."

"몇 분 후에 도착이야? 비상대론적 근사로 알려줘."

"시청까지 몇 킬로미터일까? 선형 근사는 안 돼."

이렇게 약간의 '주문'을 일상 대화에 아주 약간 곁들이기만 해도, 자연과학부 언어를 말하는 사람들과 소통할 때 함박웃음을 유도할 수 있다.

물론 나에게만 해당하는 이야기일 수도 있지만 말이다.

··● · 구름을 연구하는 과학자가 구름에 끌리는 이유

구름을 바라보고 있었다. 어느 화창한 날, 어쩌다 일이 빨리 끝나 시원한 단골 찻집에 들어가 창가 자리를 차지하고 앉았다. 거리를 지나가는 사람은 앞을 똑바로 보고 빠른 속도로 걸음을 옮긴다. 어느 양복 차림의 젊은 남성은 미간에 주름을 잡고, 또 어느 중년 여성은 줄곧 아래를 보며, 각자의 속도와 벡터로 이동한다.

모든 사람에게는 시력이 미치는 범위, 즉 각각의 시계(視界)가 있고, 눈으로 본 것을 뇌에서 처리해 운반하는 물질이 있다. 나도 이동하는 사람들을 바라보며 그들이 물질이라는 생각을 뇌로 처리하는 또 다른 물질이다.

'나는 단순한 물질일까'라는 절대 답이 나올 리 없는 사고의 다중 루프* 계산에 또 빠질 듯해 불현듯 불안해졌다. 자연스러운 흐름으로 길가는 사람들을 바라보는 데 진력이 났다. 나는 시선을 찻집 안으로 돌렸다. 커피를 홀짝이는 사람, 웨이터 등 움직이는 물질이라는 점에서 동일한 시야가 열려 있었다.

'다중 루프가 두려운가'라고 묻는다면 가슴을 쫙 펴고, 두렵지 않다고 대답하고 싶다. 다중 루프의 어려움은 소립자 물리학에서 자주 연구 대상이 되어 그 대처법이 몇 가지나 알려져 있다는 사실에 생각이 미쳤다. 노벨 물리학상을 받은 난부 요이치로(南部陽一郎) 박사의 논문을 대학원생 시절에 읽었던 기억을 떠올려 보았다. 다중 루프를 무한히 계산해야 하는 어려움을 계산 결과 전체의 무모순성을 요구함으로써 회피하는 방법이다. 루프에 빠지는 현상은 같은 지점으로 돌아온다는 의미이기에 같은 지점으로 돌아오는 이유를 알아낼 수 있다면 루프 구조를 꿰뚫어 볼 수 있다.

사고 루프에도 소립자 물리학 기법을 적용할 수 있을 듯했다. 하지만 내가 물질이라는 사실과는 모순되는, 내가 물질이 아니기를 바라는 욕구가 내 주변을 감돌기 시작하면, 높은 곳에서 보려던 나 자신도 물질이라는 모순은 속절없이 마음을 어둡게 물들였다.

---

* 다중 루프: 루프는 순환과 반복을 의미하고, 다중 루프는 루프가 하나의 흐름에 다중으로 존재하는 것. 즉 반복 루프가 중첩되어 나타나는 것을 의미한다.

사방을 둘러봐도 인간이 눈에 들어오는 이 세상은 너무 혼란스럽다. 인간이 없는 쪽은 머리 위밖에 없으렷다. 찻집 창으로 하늘을 올려다보았다. 그곳 푸른 하늘에는 아름다운 구름이 두둥실 떠 있었다. 구름은 그저 아름다웠다. 안도감 속에 자신과 세계의 경계가 사라지는 듯한 감촉이 내 팔꿈치 언저리에서 강하게 느껴졌다.

구름은 삽시간에 모양을 바꾸어갔다. 구름은 요구도 하지 않았는데 다양하고 다채로운 형상을 내 시야에 펼쳐놓았다. 그사이에 엷은 구름이 드리우고 구름의 형상도 희미해졌다. 희미한 구름은 나를 파릇파릇한 학창시절로 데려가주었다. 20년 전쯤의 대학생 시절 몸이 무척이나 허약했던 나는 건강하게 하루를 보내지 못하고 점심나절이 지나면 나무 그늘에 누워 30분가량 하늘을 바라보며 쉬기 일쑤였다. 대학 캠퍼스 푸르른 은행나무 이파리 너머로 보였던 희미한 구름은 지금 이렇게 찻집에서 올려다보는 구름과 조금도 달라지지 않았다. 오히려 엄밀하게 동일했다.

대학생 시절부터 현재까지 20년의 세월이 흘렀음을 상기하고, 한순간 그 세월의 무게를 곱씹어보았다. 희미한 구름의 궤적을 쫓기만 해도 20년 전의 광경이 빛의 속도로 되살아나는 뇌의 무시무시한 기능을 맛보기로 체험하고 나자 불안이 단숨에 증폭되었다. 그러나 그 공포감은 곧바로 다시 희미한 구름 너머로 대학 캠퍼스 푸르른 은행나무 이파리 너머로 보였던 희미한 구름은 지금 이렇게 찻집에서 올려다보는 구름과 조금도 달라지지 않았다. 오히려 엄밀하게 동일했다.

서서히 모양을 바꾸는 구름의 형상 변태 덕분에 감쪽같이 사라지고 말았다.

내 마음은 눈앞의 구름에 완전히 지배당했다. 그 형상과 변화의 불가사의에 마음을 빼앗겼다. 부풀었다가 뾰족해졌다가, 합체했다가 떨어졌다가, 한 줄로 가지런하게 늘어섰다가 서로 다투다가, 사라졌다가 나타났다가, 다리를 뻗었다가 구부렸다가, 부딪치다가 멈추었다가, 머리를 잔뜩 내밀었다가 다시 움츠러들었다가.

저 형상 너머에는 수많은 과학자의 노력이 있겠지. 문득 그런 깨달음이 왔다. 구름을 연구하는 과학자가 왜 구름에 끌리는지, 그 이유를 막연히 느낄 수 있었다. 비 예보나 태풍의 진로, 장기적 기후 변화 등 실용적 과학이 발전하는 밑바탕에는 틀림없이 구름의 형상에 매혹된 과학자들과 새내기 과학자들이 대거 포진하고 있으리라.

나는 갑자기 마음이 기뻐졌다. 시야에 들어오는 온갖 대상, 다양한 물질을 신비하게 느끼며 이해하려고 노력하는 전 세계 과학자의 존재가 한순간에 친근하게 느껴졌다. 그런 사람들이 마치 과거와 미래에서 내 어깨를 두드려주며 격려해주는 듯한 기분이 들었다.

나는 가슴을 활짝 펴고 찻집을 나섰다.

고개를 들자 이제 하늘에 구름은 없었다.

컴퓨터의 '가나 한자 변환'은 무척 영리하고 기특하다. 문장을 입력하는 사람이 인지하기 전에 용케 변환할 한자를 자동으로 기억해준다. 그런 기능을 다들 자주 사용하고 있을 것이다.

공동 연구자와 이메일로 물리 토론을 매일 하다 보면, 상대방이 일본인일 때 한자로 물리학 용어를 자주 사용하게 된다. 필연적으로 내 컴퓨터도 물리학 용어를 자주 기억해 변환해준다. 예를 들면 '세쓰도(せつどう)'를 변환하면 '雪道(눈길)'가 아니라 '摂動(섭동)'이 나오고, '가이(かい)'를 변환하면 '会(모임, 만남)'가 아니라 '解(풀이, 해답)'나 그리스 문자인 'χ'가, '요시(ようし)'를 변환하면 '容姿(용모)'가 아니라 '陽子(양자)'가 나오는 식이다.

물리학 용어가 자동으로 변환되지 않아 직접 사용자 사전에 등록할 때도 있다. 가령 '뵤조(びょうぞう)'를 '描像(묘상)'이라는 한자로 변환해주지 않아서 일일이 '描く像'라고 쓰고 'く'를 지웠는데, 너무 귀찮아서 사용자 사전에 등록했다.

그런 식으로 하다 보면 사용자 사전이 물리학 용어 투성이가 되어버려 내 생활이 얼마나 물리학을 중심으로 돌아가는지 사용자 사전에 여실히 드러나게 된다. 만약 다른 사람의 사용자 사전을 엿볼 수 있다면 거기에 새겨진 그 사람의 은밀한 생각을 훔

쳐볼 수 있지 않을까.

원래 저마다의 생각 차이와 사고의 다양성은 한 단어에서 연상된 개념이라도 다른 곳에서 온다고 볼 수 있다. 예를 들어 설명해보자.

지금 내가 원고를 쓰는 컴퓨터 옆에는 컵이 있는데, '컵'이라고 적은 단어만 해도 그렇다. 혹은 컵 동영상을 보고도 사람에 따라 연상하는 대상에는 큰 차이가 날 수밖에 없다.

커피를 좋아하는 사람은 컵에 담긴 커피의 종류를 떠올릴 수도 있고, 디자인을 좋아하는 사람은 컵 손잡이가 신기하게 구부러진 모양에 관심을 갖고 왜 그런 디자인이 나왔는지 생각할 수도 있다. 열역학을 좋아하는 사람은 컵에 담긴 액체 온도와 컵의 재질과 형상으로 어느 정도 식었는지를 계산할 수도 있다. 위상기하학(topology)을 좋아하는 사람은 그 컵의 표면 형상 곡면 기본군이 Z×Z가 되는지를 확인할 수도 있다.

그런 식으로 컵 하나만 보고도 연상되는 개념은 사람의 수만큼 존재한다. 나만의 사전을 만들어 '컵'이라는 항목을 적어본다. 그 항목의 설명 부분은 어떻게 작성할까. '컵'이 내 사전에서 변환될 때 내 인생의 실마리가 나타난다. 가나 한자 변환은 인생 자체를 데이터화하는 작업일 수도 있다.

물론 언어는 의사소통을 돕기 위한 수단이 가장 중요한 목적이기에 같은 생각이 공유되지 않으면 본래의 의미를 상실한다.

하지만 한 단어의 의미 경계는 지극히 모호하고 사람에 따라 그 정의와 개념도 미묘하게 달라진다. 이는 엄밀하게 정의된 수학에서도 그렇다.

물론 '정수(整數)'라고 했을 때 그것이 정의하는 바는 모든 수학자에게 같다. 그러나 정수라는 언어의 뜻 배후에 있는 수학적 개념은 과학자마다 완전히 달라지게 마련이다.

물리학에서 새로운 개념을 발견했을 때, 그 개념을 명명하는 무척이나 영광스러운 순간이 찾아올 때가 있다. 절묘하게 이름을 잘 지은 물리학 용어는 그 이름이 이미지를 연상시킬 뿐 아니라 보편적으로 사용되고 그 의의 역시 물리 발전과 더불어 확대되어간다.

예를 들면 2012년에 발견된 소립자, 힉스 입자는 그 입자를 이론적으로 예언한 피터 힉스의 이름을 따서 붙여졌는데 지금은 '힉스하다(Higgs)'처럼 동사로도 사용된다. 가령 '이 게이지 보손은 힉스되어 질량을 획득했다'와 같은 표현을 사용하는데, 힉스장(Higgs field)이 다른 소립자에 질량을 부여했다는 뜻이다. 새로운 개념에 이름을 붙이고 그 용법이 확장된 좋은 예다. 이렇게 새로운 용어가 인류의 사용자 사전에 기록되면서 과학이 진보해간다.

얼마 전에 어느 과학자에게 이메일을 보냈다. '고차원 기하(高次元幾何)'라고 쓰려고 한자를 변환하려고 했는데, '幸士元気

か'(고지, 괜찮아)라고 변환되어 깜짝 놀랐다. 나를 '고지(幸士)'라고 부르는 건 아버지뿐이라 어쩐지 아버지가 옆에서 격려해주시는 듯한 기분이 들어 힘이 났다. 아무도 없는 내 방에서 쑥스러움에 얼굴이 붉어졌다.

··• · 만보계 속이기 실패가 과학 발전을 뒷받침하다

어이쿠, 오늘은 2,000보도 걷지 않았다. 스마트폰 화면을 주시하며 나는 한숨을 내쉬었다. 날씨가 궂어서 아침 산책을 걸렀고, 점심 먹고 나서는 회의 하느라 바빴다. 저녁식사 후에는 딸아이가 졸라서 못 이기는 척 같이 비디오게임을 하며 놀아주느라 밤 산책을 쉬었다. 그리고 지금 이렇게 컴퓨터 앞에 앉아 손끝만 까딱까딱 움직이는 운동 중이다. 자업자득이다.

이런저런 문헌에 따르면 성인 남성이 건강 유지를 위해 하루에 필요한 걸음 수는 6,000보에서 1만 보로 추정된다고 한다. 그에 비하면 2,000보라는 숫자는 얼마나 한심한지. 이론물리학자라면 통상적으로 계산 결과의 자릿수만 맞으면 기뻐하겠지만, 내 건강에까지 이론물리학을 적용하는 건 위험하기 짝이 없는 짓이다.

오늘 행동을 돌아본 나는 급기야 스마트폰의 만보계 기능을 의심하기 시작했다. 오늘의 걸음 수가 그렇게 적을 리가 없다. 집안에서도 종종거리며 돌아다녔는데, 그걸 빼먹은 게 아닐까.

스마트폰에 내장된 만보기 기능은 특수한 장치다. 가속도 센서와 지자기 센서를 이용해 걷기에 따라 스마트폰에서 발생하는 운동 변화를 읽어내 '걷고 있다'고 판단할 수 있는 파형일 때만 '1보'로 계산한다. 그 대강의 원리는 나도 과학자 나부랭이라 이해할 수 있다. 그러나 어떠한 움직임이 1보로 계산되는지는 내 손으로 해당 파형을 검출하는 프로그래밍을 해본 적이 없어 알 수 없다. 그래서 스마트폰 만보계 기능을 이해하기 위해 스마트폰을 들고 다니며 다양한 실험을 해보기로 했다.

집안일을 할 때처럼 10보가량 움직인 다음 방향을 바꾸고 다시 10보 걷는 식으로 운동을 반복해보았다. 또 스마트폰을 손에 들고 화면을 보면서 걸을 때 걸음 수가 계산되는지를 확인해보았다. 마지막으로 바지의 어느 쪽 주머니가 가장 효율적인지를 조사하기 위해 주머니가 많은 바지로 갈아입었다.

실험 결과 몹시 안타깝게도 스마트폰은 상당히 정확하게 걸음 수를 계산한다는 사실이 판명되었다. 안타까워해야 할 일이 아니라 과학의 발전을 칭송해야 마땅한 상황이려나. 아쉽게도 실패한 내 실험을 위해 건배! 나는 완패했다.

흥미롭게도 손에 든 스마트폰을 살랑살랑 흔들어도 걸음 수는 늘어나지 않는다. 꼼수가 통하는지 실험하며 문득 어린 시절 추억이 떠올랐다. 부모님께 만보계를 빌린 적이 있다. 그 시절 만보계는 기계식이라 기계 안의 추가 진동해 걸음 수를 검출하는 방식이었다. 형제 중 누가 가장 많이 걸었는지 재미로 내기를 했는데 내가 획기적인 방법을 떠올렸다. 다리 떨기였다. 의자에 앉아 무릎 언저리에 기계식 만보계를 얹어놓고 어른들이 보면 복 달아난다고 당장에 잔소리 폭격이 쏟아질 정도로 다리를 달달 떨기 시작했다. 손으로 만보계 기울기를 최적의 각도로 설정해두자 눈에 띄게 쭉쭉 숫자가 올라갔다.

그로부터 30년이 지나 완전히 똑같은 실험을 하는 자신을 발견하고 어쩐지 뿌듯해졌다. 만보계는 분명히 과학적으로 진보했고 내 실험 실패가 과학의 발전을 뒷받침하기 때문이다.

그러나 동시에 서글픔도 느꼈다. 과학기술은 확실히 극적인 속도로 발전하고 있다. 가령 온 인류가 SNS로 열광의 도가니에 빠진 모습은 어린 시절에는 상상조차 할 수 없었다. 하지만 한편으로 '걸음 수를 계산'하는 인간의 행위 그 자체 그리고 걸음 수의 정확한 측정을 추구하는 인간의 도전은 과거부터 지금까지 전혀 변하지 않았다. 이노 다다타카(伊能忠敬)는 한 걸음의 보폭을 정확히 69센티미터로 걸어서 일본 전국을 측량했기에 이 행위는 몇 세기가 지나도 변함없는 측량의 잣대로 사용될 수 있었다.

물리학에서도 우주 먼 곳을 알고 싶어서, 세상이 무엇으로 이루어져 있는지 알고 싶어서, 이 현상이 왜 발생하는지 알고 싶어서 등의 기본적 욕구는 수 세기가 지나도 달라지지 않았다. 각각의 탐구가 우주 물리학, 소립자 물리학, 물성 물리학을 낳았다. 수 세기를 넘어 고대 그리스까지 거슬러 올라가기에 수천 년 동안 변함이 없었던 셈이다.

과학기술의 눈부신 발전으로 고대 그리스 시절에는 상상도 할 수 없는 수준의 생활을 누리는 우리 현대인이 고대 그리스인들과 똑같은 의문을 갖고 그것을 과학으로 탐구하는 건 왜일까?

이 문제를 곰곰이 생각하려면 산책밖에 없기에 집을 나섰다. 어두운 밤길을 오른발 왼발 교대로 내밀며 터벅터벅 걷는다. 불쑥 답이 떠올랐다. 인간의 사고는 걷기, 만지기, 보기가 가능한 신체에 제한되어 있기 때문이라는 것. 궁극적 우주에 관한 의문은 우주에 가고 싶다, 눈으로 보고 싶다, 만지고 싶다는 인간 신체에서 우러나오는 욕구다. 인간의 몸은 몇만 년이나 변화하지 않았다. 그래서 불변의 연구 주제가 인류에게 존재하는 것이 아닐까.

스마트폰 만보계 숫자가 조금씩 올라가고 있었다. 산책길에 본 밤하늘은 고대 그리스의 밤하늘 그리고 태곳적 인류의 밤하늘까지 확실하게 이어져 있었다.

과학기술의 눈부신 발전으로 고대 그리스 시절에는
상상도 할 수 없는 수준의 생활을 누리는 우리 현대인이
고대 그리스인들과 똑같은 의문을 갖고
그것을 과학으로 탐구하는 건 왜일까?

이론물리학자라는 직업은 수식을 만지작거리는 시간이 매우 길다. 물리 현상을 나타내는 수식에서 출발해서 그것을 풀기 위해 변형한다. 더하거나 빼고 곱하거나 나누거나 합치거나 옮기거나, 그 모든 과정을 반복한다. 누군가 옆에서 지켜본다면 용케 질리지 않는다고 혀를 내두르며 감탄할 수도 있다. 뭐가 그리 재밌어서 그런 작업을 반복하냐고 묻는다면, 수식의 배후에 있는 물리 현상이 어떤 식으로 발생하는지를 알고 싶어서 수식을 온종일 주무르고 있어도 질리지 않는다고 대답하곤 한다.

드물긴 하지만 어떤 물리학자는 수식 속의 기호를 '이 사람'이라고 부른다. 소립자 물리학에서 기호는 소립자의 종류를 나타내기도 한다. 그래서 '이 사람'이라고 부르는 대상은 소립자를 나타내는 기호다.

어느 소립자 물리학 교과서에서는 소립자의 성질을 설명할 때 '소립자들'이라고 적어놓았다. 저자가 무심코 그리 적었는지 아니면 의도적이었는지 나로서는 알 길이 없다. 신기하게도 나는 그 사실을 다른 사람이 지적할 때까지 전혀 이상하게 여기지 않았다.

이처럼 수식 기호와 소립자를 마치 친구처럼 인간으로 취급

하는 습성이 있는 모양이다. 소립자 물리학계에서는 유명한 〈슈뢰딩거의 춤곡〉(シュレディンガー音頭)이라는 율동과 노래가 구전으로 전해 내려오고 있다. 에르빈 슈뢰딩거(Erwin Schrödinger)는 저명한 물리학자로 원자 세계의 물리를 기술하는 양자역학을 창안했다. 그 미세한 세계에서 전자는 특정 너비를 지닌 범위에 구름처럼 퍼져 있다. 그 특정 위치에 전자가 어느 정도 확률로 존재하는지 가르쳐주는 숫자를 '파동 함수'라 부른다. 파동 함수는 통상적으로 그리스 문자 Ψ(프시)와 Φ(파이)로 표기한다. 이 Ψ와 Φ가 마치 사람이 손을 들고 내린 모습과 닮았다 해서 '프시 파이♪'라는 율동이 들어간 곡이 만들어진 것이다.

내 학창시절 무렵부터 구전되었는데 언제 어디서 누가 만들었는지는 알 수 없다. 그러나 그 원천은 수식과 소립자를 의인화한다는 발상에서 비롯되었다.

〈슈뢰딩거 춤곡〉과 같은 전승이 아니라도 소립자 의인화에는 유명한 예가 있다. 노벨상 수상자인 도모나가 신이치로(朝永振一郎)가 쓴 단편소설 「광자의 재판」(光子の裁判)이다. 작품 속에서 빛의 소립자 '광자'를 의인화한 등장인물 나미노 미츠코(波乃光子)가 피고인의 신분으로 "나는 두 개의 창 양쪽을 동시에 지났습니다"라고 진술했다. 미세한 세계의 등장인물인 소립자를 사람에 빗대어 그 불가사의한 성질을 돋보이게 만드는 작가 도모나가 신이치로의 뛰어난 감각과 멋진 필력에 진심으로 경의를 표하게 된다.

이처럼 수식과 소립자 등 무미건조한 대상을 의인화하는 일에서 우리는 어떤 의미를 찾을 수 있을까? 그저 단순한 애착으로 보아야 할까?

과학 연구에서 수식의 기호와 같은 추상적 개념을 다룰 때 선행해서 가령 '사람'과 같은 이미지를 부여하는 행위에 문제를 제기할 수 있지만, 개인적으로는 그 주장에 반대한다. 수식과 같은 추상적인 개념이 등장할 때는 대체로 선행하는 구체적인 이미지가 이미 존재한다. 그 이미지를 수식화하기에 자연스럽게 수식에 대한 이미지가 부여된다. 즉 수식을 의인화하는 게 아니라 수식이 될 때 이미 이미지가 존재한다고 생각하면 논리적으로 이해할 수 있다.

현상이 수식화되면 그 순간에 세계가 추상화된다. 그리고 수식은 독자적인 규칙에 따라 제멋대로 움직이기 시작한다. 수의 세계는 그 '움직임'이 빤히 보인다. 덧셈과 뺄셈의 규칙이 이미 정해져 있고, 그 규칙 범위 안에서 갈 수 있는 장소와 갈 수 없는 장소가 정해져 있기 때문이다. 쉽게 말해 뛰어봤자 벼룩이요 뛰어봤자 부처님 손바닥이다. 수식을 적을 때 사용한 이미지에 집착하지 않고 수식의 덧셈과 뺄셈이 변형되어간다. 결과적으로, 본래의 이미지와 다른 곳으로 끌려갈 때도 있다. 또 이미지가 잘못되었음을 깨달을 때도 있는가 하면, 이미지와 완전히 일치하는 결론이 기다리는 상황도 있다. 이미지의 수식화는 과학의 첫 번째 작업이며, 수식이 변형됨으로써 이미지가 과학적으로 올바른지 그 타당성이 보증된다.

다시 말해 수식에는 이미지가 언제나 따라붙으며, 그 이미지를 검증하는 일이 바로 과학의 작업이다. 그래서 수식 기호를 '이 사람'이라고 부르는 어느 과학자가 존재해도 전혀 이상할 게 없다.

예전부터 느꼈는데, 수식뿐 아니라 어떤 문자를 오랜 시간 뚫어지게 들여다보다 보면 그 문자가 왜 그런 모양으로 생겼는지 도무지 알 수 없어지는 순간이 찾아온다. 그리고 신기하게도 급기야 그 문자가 흐늘흐늘 풀어져 움직이기 시작한다. 문자와 개념이 녹아내려 하나로 어우러지고, 그 모습을 바라보는 나도 한 순간 동화되어 몹시 묘한 기분에 빠져들었다가 퍼뜩 정신이 돌아온다. 그런 순간에는 무슨 문장을 읽고 있었는지, 어떤 수식을 쓰고 있었는지도 의식하지 못한 채 하던 일에서 완전히 벗어나 버린다.

그런 감정을 느낀 과학자는 아마 나뿐만이 아니리라. 수식과 개념이 융화하고 자신의 무의식이 그것을 조종하는, 궁극적인 과학 작업 상태라고 할 수 있다. 이런 작업을 몇백 일씩이나 계속한 후에야 가까스로 하나의 과학적 성과가 홀연히 모습을 드러낸다.

오늘도 교통 체증에 맞닥뜨리고 말았다. 30분 전부터 고속도로 한복판에서 거북이 운전 중이다. 운전하는 나는 물론 짜증이 잔뜩 나 있고, 같이 탄 가족도 있는 대로 골이 나 있다.

교통 체증을 싫어하는 사람은 많다. 아니, 많다기보다 애초에 좋아하는 사람이 있기는 할까. 차를 타는 사람에게는 목적지가 있고, 빠르게 도착할수록 기쁜 게 당연하다. 그러므로 예상치 못한 정체에 말려들면 신이 나기는커녕 울화통이 터지게 마련이다.

물론 나도 교통 체증은 질색이다. 그래서 꼼짝없이 도로에 발이 묶였을 때는 부지런히 정체의 원인을 관찰한다는 나름의 원칙을 고수한다. 정체가 어떤 식으로 발생하는지를 알아야 빠져나가는 데 몇 분이 걸리고, 어떤 경로를 선택해야 조금이라도 빨리 교통 정체에서 벗어날 수 있을지 등의 문제에 대해 구체적인 해답을 얻을 수 있을지도 모른다.

솔직히 말하면, 나 같은 이론물리학자 운전자는 상당히 위험하다. 물리학자라는 특성상 나는 모든 현실 세계와 자신을 분리해 머릿속 세계에서 연구를 시작한다. 그래서 언제 어디서나 자유자재로 연구 상황에 몰입할 수 있다. 이처럼 운전 도중에 연구 모드로 덜컥 들어가버리는 것이야말로 위험하기 짝이 없는 행동이다.

어디서나 연구할 수 있다는 말은 실험 기구가 없으면 연구 수행이 어려운 실험물리학자에 비하면 상당히 큰 장점인 셈이다. 예를 들어 욕조에 몸을 담그고 노벨상 수상을 거머쥔 물리이론의 아이디어를 떠올렸다는 마스카와 도시히데(益川敏英) 교수의 일화는 유명하다. 물론 화장실 안에서도 만원 전철 안에서도 연구에 매진할 수 있다. 몸은 공간에 속박되어 있어도, 머릿속에는 광활한 평야가 펼쳐져 있다. 자유자재다. 나도 걸어 다니다가 새로운 연구 아이디어를 떠올릴 때가 많다.

하지만 자동차 운전은 다르다. 당연히 운전 중에는 교통 신호와 다양한 도로 상황을 항상 확인해야 한다. 안전을 위해서라면 절대 물리학을 생각해서는 안 된다. 그런데 나 같은 물리학자는 내버려두면 자동으로 연구 모드로 전환되는 습성이 있다. 운전 도중에 자동으로 연구 모드로 전환되지 않도록 나름의 방책을 짜낼 필요가 있다.

"그래서 저는 절대로 운전대는 잡지 않기로 했어요"라며 아예 운전하지 않는다고 소신을 밝힌 이론물리학자를 만난 적도 있다. 매우 현명한 판단이다.

그러므로 이론물리학자끼리 같은 차량에 탑승하면 한층 위험해질 수 있다. 실없는 이야기여서 운전하는 물리학자가 운전에 집중할 수 있는 상태라 해도 얘기를 나누다 보면 희한하게 화제가 물리학 쪽으로 옮겨가 물리학 토론이 시작된다. 상상만 해도 아찔한 상황이 펼쳐진다. 그러니 만약 여러분이 내가 운전하는 차에 탔다면 차에서 내릴 때까지 물리학과 무관한 화제를 유지하기 위해 최선을 다해야 한다. 그게 동승자와 운전자 모두의 안전을 위한 길이다.

그렇다면 지금처럼 내가 운전대를 잡았을 때 부득이하게 길이 막혔다면 어떻게 할까? 물론 교통안전을 위해 물리학에 관한 생각은 금기이나 정체 상황에 관한 물리학만은 예외다.

물리학 연구는 우선 현상 관찰에서 시작한다. 그리고 현상의 원인과 발생에 관한 가설을 설정하고, 다음에 이론 계산으로 예측한 뒤 마지막에 예측 검증이라는 순서로 진행된다. 정체라는 물리 현상을 연구하는 것 외에 이론물리학자가 정체를 극복하는 방법이 있을까.

어떤 차선의 속도가 더딜까, 도로는 직선일까, 곡선 구간일까, 일시적으로 정체가 해소되는 구간이 나타날까, 다른 도로와 합류하는 구간이 있을까 등등 다양한 관찰이 중요하다.

'1킬로미터 전방 사고 발생' 같은 정보가 들어오거나, 전방 시야 확보가 어려운 구간이나 합류 지점이 몇 킬로미터 앞에 있다고 내비게이션이 알려주면 앞으로 몇 분이면 정체에서 벗어날 수 있을지 바로 계산해 예측할 수 있다. 차가 가다 섰다를 반복하는 정체에서 10초마다 속도를 측정하고 통계 평균을 내서 평균 시속을 산출한다. 그 평균 시속을 활용해 정체 구간에서 빠져나가는 시간을 예측 계산할 수 있다. 그리고 마지막으로 실제로 정체에서 벗어났을 때 30분이나 길에서 발이 묶였더라도 자신이 예측한 30분이 검증되었기 때문에 기쁨이 배가 된다.

"예상대로 정체에서 빠져나오는 데 30분이 걸렸군! 내 예상이 맞았어!"

신이 나서 조수석의 아내에게 말했더니 아내의 싸늘한 눈빛이 돌아왔다. 아무래도 30분의 정체를 기뻐한 건 가족 중에서 나 혼자뿐이었던 모양이다.

···• · '마늘 까기'에서 미분의 원리를 발견하다

마늘 껍질을 까기 시작한 지 얼추 한 시간째다. 아내 친정에서 튼실한 마늘과 양파를 한 상자 가득 보내주어 껍질 까기에 돌입했다. 부끄럽게도 마늘을 이렇게 많이 까본 적이 없다. 그런데 단순 반복 작업이 의외로 재미있다.

지난주에 손톱을 깎았는데 정신을 딴 데 팔고 깎다가 깜빡하고 오른손 엄지손가락 손톱만 빼먹었다. 그 손톱을 요긴하게 써먹을 일이 생길 줄이야. 엄지손가락 손톱을 쑥 집어넣으면 홀라당 껍질이 벗겨진다. '소가 뒷걸음질 치다 쥐를 잡는 격'이라는 속담이 바로 이런 상황에 쓰는 말이라고 생각하면서 무념무상으로 마늘을 까던 때였다.

내 오른쪽에는 껍질을 벗겨 매끈해진 마늘이 산더미처럼 쌓여갔다. 왼쪽에는 지저분하게 흩어진 마늘 껍질이 수북하게 쌓였다.

문득 깨달음이 왔다. 오른쪽의 마늘 동산과 비교하면 왼쪽의 껍질 더미는 거의 세 배 규모였다. 귀신이 곡할 노릇이었다. 마늘 껍질은 속이 비칠 정도로 얇고, 마늘 한 쪽의 부피에서 껍질이 차지하는 비중도 얼마 되지 않는다. 무언가 이상하다.

물리학자는 이런 순간에 곧장 '과학 모드'에 돌입한다. 옆에서 보면 마늘을 까다 말고 뜬금없이 이죽이죽 웃는 얼빠진 사람이라고 생각할 수도 있다.

내가 이죽이죽 웃기 시작한 이유는 고등학교 수학 시간에 배우는 '미분'이라는 개념이 머릿속에 떠올랐기 때문이다. 이 개념을 활용해 얼핏 보기에 이상한 현상을 해명할 수 있다고 가정해 보았다.

단순화하기 위해 마늘을 둥근 구라고 가정해보자. (물리학자는 흔히 이런 근사를 활용한다. 소를 구로 가정하는 이야기는 유명하다. 60~66쪽의 '근사병' 참조) 구의 부피를 구하는 공식은 중학교에서 배운다. 마늘 껍질 면적은 구의 면적을 구하는 공식이다. 사실 구의 부피를 구하는 공식을 구의 반지름 r로 미분하면, 구 표면적의 공식이 나온다. '미분'의 정의는 r을 아주 조금씩 변경했을 때 나오는 변화의 양이나 수치 등을 가리킨다. 즉 마늘의 반지름 r을 껍질을 벗겨 아주 약간 줄이면 부피가 약간 줄어들고, 그 표면적만큼 껍질이 나온다는 원리다. 나는 1시간가량 마늘 미분을 계속했다.

미분이라는 어려운 개념을 이해하지 않아도 구의 부피와 표면적을 구하는 공식을 외워두면 충분하지 않냐고 반박할 수도 있다. 그 주장에는 문제가 있다. 마늘은 사실 구가 아니기에 구가 아닐 때의 부피와 표면적의 관계를 알고 싶을 때 공식은 도움이 되지 않는다. 나는 대학교수지만 고등학교에서 배우는 '삼각함수 공식'은 외우지 않았다. 개념을 이해해두었기에 필요할 때 공식을 유도해서 공식의 적용 범위 밖에서도 활용할 수 있도록 일반화가 가능하다. 어떤 개념에 적용되는 '작용'을 이해한다는 건 그런 일이다.

나는 왼쪽의 마늘 껍질 더미를 주의 깊게 관찰했다. 껍질은 휘어져 있어 껍질과 껍질 사이에는 자연스럽게 공간이 생긴다. 껍질과 껍질 사이의 거리는 약 1센티미터로 눈대중했다. 한편 마늘의 반지름은 약 1센티미터다. 오른쪽에는 마늘 구의 부피, 왼쪽에는 마늘 구의 표면적에 껍질 사이의 거리를 곱한 것이라고 하면, 수치상 왼쪽 부피는 오른쪽 부피의 약 3배라는 결론에 도달하게 된다. 이는 조금 전의 관찰 결과를 재현하고 있다. 나는 다시 히쭉 웃었다.

문득 이런 생각이 들었다. '어쩌면 미분이라는 개념을 발견한 뉴턴과 세키 다카카즈(関孝和)도 마늘이나 양파를 까며 그것을 고안하지 않았을까'라는.

과학 모드에 돌입한 순간의 문제점은 다른 일이 손에 잡히지 않을 때가 많다는 것이다.

'과연 이 마늘은 어디까지 까야 할까?'

자잘한 마늘을 까다가 쓸데없는 의문이 솟아났다. 양파처럼 자꾸자꾸 까다 보면 마늘은 점점 작아진다. 그러다가 급기야 반지름 3밀리미터에 이르렀을 때 더 이상 내 손톱으로는 벗길 수 없게 되었다.

나는 손톱으로 껍질 까기를 포기하고 부엌칼로 작디작은 마늘을 반으로 잘라보았다. 단면을 조심조심 들여다보니 껍질 구조를 더는 식별할 수 없었다.

물론 구조가 보이지 않는다고 해서 껍질이 존재하지 않는다는 것이 증명되지는 않는다. 나는 실망과 안도감이 뒤섞인 묘한 기분에 휩싸였다.

'우주라는 이름의 양파' 이야기를 떠올렸다. 원자를 벗기면 원자핵과 전자가 나온다. 원자핵을 벗기면 양자와 중성자가, 그리고 다시 벗기면 쿼크라 부르는 소립자가 나온다. 인류는 겨우 그 단계까지 우주라는 이름의 양파를 벗겼다.

그 양파를 한 번 더 벗길 수 있을까? 벗기면 어떻게 될까? 그리고 칼로 잘라서 안을 들여다보면 무엇이 보일까?

인류의 목표는 아직 저 멀리 있다. 오늘도 또 몇십 편의 논문이 발표되고 다음 껍질을 벗기는 결과를 예상한다. 인류는 수많은 양파를 까는 경험을 쌓아 그 구조를 이해함으로써 양파의 다음 껍질을 깔 수 있었는지도 모른다. 그곳에는 어떤 세계가 기다리고 있을까.

··• · 물리학은 '이론'과 '실험' 두 바퀴로 굴러가는 학문이다

내가 다니는 연구소에서는 매년 여름에 바비큐 대회를 연다. 바비큐 담당은 연구실 사람들이 돌아가면서 맡는데 어느 해 드디어 우리 연구실 차례가 왔다. 그리하여 사건이 발생했다.

물리학은 이론과 실험이라는 두 개의 바퀴로 굴러가고 앞으로 나아가는 구조다. 따라서 연구소에는 실험 연구실 외에도 내가 속한 이론 연구실이 있다. 우리 대학에서는 실험물리학자는 '실험실', 이론물리학자는 '이론실'이라 부른다. 그 해까지는 실험실이 바비큐 대회를 주최했는데, 드디어 우리 이론실 차례가 되었다.

예상대로 사건이 발생했다. 바비큐 대회 당일, 제등(提燈)을 단에 거는데 어느 이론실 연구원이 불쑥 말했다.

"어라, 작년에는 이 제등, 저기 가로등 제일 위쪽에 달지 않았어요? 어떻게 달았을까요?"

준비 중인 사람들이 술렁거렸다. 높이가 5미터인 가로등이었다. 까치발을 해도 닿지 않는다. 사다리를 댈 수도 없는 위치다. 이론실 연구원이 열 명이나 모여 머리를 맞대고 끙끙대기 시작했다. 컴퓨터의 두뇌인 CPU가 가동 중일 때 뜨끈하게 달아오르며 '웅웅' 소리를 내듯 다 같이 생각에 잠기기 시작했다.

"목말을 태우지 않았을까?"

"빗자루에 묶어서 들어올리지 않았을까?"

"광장 건너편 건물 2층에서 잡아당기지 않았을까?"

다양한 의견이 나왔으나 어느 것도 실현 가능성이 없어 보였다. 심지어 이런 의견까지 나왔다.

"작년 바비큐 대회 때 가로등에 등이 걸려 있었다고 다들 믿고 있지만 사실은 그렇지 않았던 게 아닐까."

그 자리에 선 채로 오도 가도 못 하고 고민한 지 30분쯤 지났을 무렵 옆방 실험실 연구원이 왔다.

"안녕하세요, 준비 많이 하셨어요? 생각보다 손 댈 데가 많죠?"

"아, 안녕하세요. 작년에 분명히 저 높이에 등이 달려 있었는데, 도대체 어떻게 달았는지 도무지 알 수가 없어서요."

내 말이 끝나기 무섭게 실험실 사람은 등에 연결된 전선 끝을 들고 카우보이가 밧줄을 돌리듯 빙글빙글 머리 위로 돌리기 시작했다. 그리고 가로등 꼭대기를 향해 그 전선을 올가미처럼 던졌다. 그러자 전선이 보기 좋게 가로등 제일 위의 볼록한 부분에 탁 걸렸다. 실험실 사람은 전선을 죽죽 잡아당기기 시작했다. 그러자 전선 반대쪽 끝에 연결되어 있던 등이 멋지게 가로등 정상에 도달했다.

우리 이론실 사람들은 그 광경을 처음부터 끝까지 입을 떡 벌리고 지켜보았다. 그리고 자연스럽게 박수가 쏟아졌다. 그해 바비큐 대회에서 가장 감동적인 순간이었다. 적어도 우리 이론실에서는 그랬다.

물리학은 이론과 실험이라는 두 개의 바퀴로 굴러가는 학문이다. 새로운 물리 현상이 실험으로 발견되었다고 치자. 그 현상 이면에 숨은 원칙을 새로운 이론으로 해명한다. 그리고 이론은 그 성공을 바탕으로 새로운 물리 현상을 예언한다. 그 현상이 또 실험으로 확인된다. 그 과정이 반복되며 물리학은 현재의 최신 물리학까지 발전해왔다.

그러나 과학이 극한까지 거대화되고 세분화한 현재, 실험과 이론은 철저한 분업이 이루어졌다. 실험실인 동시에 이론실이라는 두 바퀴를 모두 지닌 물리학자의 예를 나는 거의 알지 못한다. 이론실과 실험실 사고법의 차이를 백일하에 드러낸 사건이 바비큐 대회에서 등을 다는 문제였다.

어떤 문제를 풀고자 할 때 이론실 사람들은 손에 쥔 이런저런 생각을 동원해서 머릿속에서 시뮬레이션을 가동한다. 그러나 이론실 사람인 나만 해도 내가 고안한 방법이 실제로 문제를 풀 수 있는지보다 얼마나 기발한지, 즉 남들이 떠올릴 만한 해법인지를 더 중시하는 경향이 있다. 이론가 사이에는 기발한 해법에 대해 칭찬과 존중이 오가는 관습이 있기 때문이다.

이론가들 사이에 그런 관습이 존재하는 이유는 풀기 어려운 문제일수록 다른 사람이 생각한 적도 없는 해법이 아니면 풀어낼 수 없음을 뼈저리게 알고 있기 때문일 수도 있다. 우리는 그와 같은 과학에 지나치게 푹 빠져 있다. 그런 까닭에 일상의 문제에 대해서도 '이것도 아니고, 저것도 아니고'라며 팔짱을 끼고 실현 불가능한 기발한 해법을 용케 찾아내는 재주가 있다. 이 정도면 직업병이다.

제등 사건이 벌어진 지 6년이 지난 무렵이었다. 어느 추운 날, 연구실 사람들 40명이 바비큐 파티를 벌이기로 했다. 장작을 쌓고 막 불을 붙이려던 순간에야 성냥이 없는 걸 알아차렸다. 예상대로 우리는 그 후 30분 동안 어떻게 장작에 불을 붙일지를 주제로 열띤 토론을 벌였다. 그렇다, 우리는 이론물리학 연구실 사람들이다.

· · ● · 직소퍼즐을 끔찍이 싫어하는 이유

나는 직소퍼즐이라면 끔찍하게 싫어하는 사람이다. 완성된 그림이 무엇인지 알면서 일부러 어려운 모양으로 조각조각 잘라 몇백 조각으로 나누고 그 조각을 원래대로 조립하는 작업, 그것이 직소퍼즐 맞추기다. 꽃병을 살 때 일부러 산산조각이 난 꽃병을 사서 짜맞추는 별난 사람이 있을까.

고등학생 시절에 에스허르라는 화가의 그림을 좋아해서 그의 그림으로 된 직소퍼즐을 산 적이 있다. 어쩌면 그때의 경험이 트라우마가 되었을 수도 있다. 에스허르의 그림은 흑백이고 1,000조각 중 절반이 새하얗다. 퍼즐 조각 모양만 보고 판단해서 직소퍼즐을 맞추어 나가는 작업은 지옥 같았다. 그 지옥밖에 기억나지 않는다.

겨울이 성큼 다가온 어느 날, 평소 신세를 지던 과학잡지 편집자가 300조각의 직소퍼즐을 주었다. 퍼즐 그림은 소립자 뉴트리노(neutrino, 중성자가 양성자와 전자로 붕괴될 때 생기는 소립자—옮긴이)를 관측하는 거대 검출기 '슈퍼 카미오칸데'(Super-Kamiokande) 사진으로, 도쿄대학교 우주선 연구소(가시와 캠퍼스)가 그 검출기를 일반에 공개한 날 한정 판매했던 '레어' 상품 퍼즐이다. 분명히 한 시간은 줄을 서야 살 수 있다는 뉴스를 들었다. 나는 퍼즐을 뚫어지게 바라보았다. 마음에 두 가지 모순된 감정이 순식간에 소용돌이쳤다.

'이건 내가 '극혐'하는 직소퍼즐인데…….'

'이건 내 '최애템' 중 하나인 슈퍼 카미오칸데 굿즈인데…….'

물론 한 사람당 한 개씩만 살 수 있는 한정 상품을 줄까지 서서 구해서 나에게 전해주었으니 받지 않을 도리가 없었다. 감사 인사와 함께 퍼즐을 받아든 내 손은 복잡한 감정으로 살짝 떨렸다.

다음 날은 일요일이었다. 드디어 마음의 준비가 된 나는 솔직히 반쯤 포기하는 심정으로 뚜껑을 열어보았다. 슈퍼 카미오칸데라는 검출기는 광전자 증배관(Photo Multiplier)이라고 불리는 알전구처럼 보이는 장치가 약 1만 개나 늘어선 장비다. 따라서 퍼즐 그림은 그 전구처럼 보이는 장치가 빽빽하게 벽을 따라 채워진 사진이었다. 에스허르 지옥의 기억이 선명하게 되살아났다. 상자 속에 들어 있는 퍼즐 조각을 꺼내자 모든 퍼즐 조각에 전구가 인쇄되어 있었다. 맙소사, 이건 지옥이다…….

초반에는 아내와 딸도 신이 나서 직소퍼즐 맞추기에 손을 보탰는데, 어느새 딸아이가 지쳐 나가떨어졌다. 부부끼리 오붓하게 퍼즐 맞추는 시간을 즐기는가 싶더니 얼마 안 가 아내가 선언했다.

"이건 지옥이야."

아내도 빠르게 손을 털고 퇴장했다. 한 시간 정도 무심하게 퍼즐 조각을 바라보고 있노라니 각각의 광전자 증배관이 사랑스러워 보였다. 저 광전자 증배관들은 하마마츠 포토닉스(Hamamatsu Photonics)라는 회사가 제작하고 실험물리학자가 고무보트를 타고 설치했다. 어느 날, 광전자 증배관 하나가 수압으로 깨져 진공 폭축(爆縮, 모든 방향에서 폭발 연소 압력이 생겨 일어나는 압축과 발화 현상—옮긴이)이 일어나고, 그 충격파로 상당한 수의 광전자 증배관이 망가져 검출기는 사용할 수 없게 되었다.

그러나 실험물리학자들의 피땀 어린 작업으로 광전자 증배관이 재설치되고, 검출기는 실험을 재개할 수 있었다. 이 검출기로 가지타 다카아키(梶田隆章) 박사는 중성미자 진동 현상을 해명해 노벨상을 받았다. 노벨상 수상에 이바지한 광전자 증배관이 모든 퍼즐 조각에 인쇄되어 있다고 생각하니 나도 모르게 퍼즐 조각이 사랑스럽게 느껴졌다.

오호라, 광전자 증배관을 이 손으로 설치하는 귀중한 기회가 드디어 나에게 왔구나. 깨달음을 얻은 순간 찌릿한 의욕이 충전되었다. 대학생 시절, 물리 실험에 서툴었던 나는 졸업 연구 실험에서 25만 엔이나 하는 엄청나게 비싼 검출기에 전압을 걸어 고장 낸 적이 있었다. 나는 실험에 영 재주가 없음을 뼈저리게 깨달은 경험이었다. 그 이후로 실험에는 막연한 동경만 품게 되었다. 지금 눈앞에 내 손으로 조금이나마 만회할 기회가 주어졌다.

퍼즐 조각을 찬찬히 들여다보니 광전자 증배관 표면에 반사되는 빛이 조금씩 달랐다. 광전자 증배관에 광전자 증배관이 비치고, 그 안에 다시 광전자 증배관이 비치고 있었다. 방향도 조금씩 달랐다. 옳거니, 이쪽 광전자 증배관은 이 방향이고, 그렇다면 아래쪽 광전자 증배관은 이쪽 방향일 테고…….

어느새 직소퍼즐이 완성되었다. 아름답다. 내 손으로 설치한 광전자 증배관이 아름답게 늘어서 있다. 마치 직접 물리 실험을 완료한 듯한 작은 감동이 가슴을 채웠다.

도중에 손을 보탠 딸아이가 사진에서 광전자 증배관 사이로 삐죽 튀어나온 막대기처럼 보이는 부분을 가리켰다. 왜 이런 데 뜬금없이 막대기가 있냐고 물었다. 직소퍼즐을 맞추지 않았더라면 알지 못했을 사실이다. 슈퍼 카미오칸데는 정밀한 거대 과학이다. 우리 아이에게 작은 과학의 싹을 키워준 이 퍼즐에 감사의 마음을 전하고 싶다.

하지만 직소퍼즐은 두 번 다시 하고 싶지 않다.

· • · 물리학자는 왜 '고대 문자'에 열광할까?

누가 뭐라든 나는 고대 문명이 좋다. 이집트 문명이라는 말만 들어도 심장이 빠르게 뛴다. 고대 이집트인이 피라미드를 어떻게 만들었는지 등을 다룬 오컬트 잡지를 발견하면 푹 빠져 자세히 읽는다. 과학자가 오컬트 잡지를 읽는

게 뭐가 문제라고. 좋아하는 걸 즐길 권리는 누구에게나 있다.

특히 고대 문자에 가슴이 설렌다. 쐐기문자의 기묘하고 이상야릇한 모양은 허용 범위를 아득하게 벗어나 있다. 애초에 문자 이름부터 '쐐기'문자이니 말이다. 이집트 문자는 그에 비하면 양반이다. 고대 한자처럼 문자가 그림이 되고, 그 그림에서 의미를 유추할 수 있는 꼴을 갖추고 있다. 거대한 돌에 한 자 한 자 정성스럽게 새긴 이집트문자는 글자들을 어루만지기만 해도 황홀경에 취할 수 있다.

피라미드 건축 방법을 과학적으로 상상하는 과정도 즐겁지만 나는 문자를 더 사랑한다. 내가 실험물리학자가 아닌 이론물리학자여서일 수도 있다. 평소 연구는 개인 공책이나 칠판에 계산 수식을 적을 뿐이다. 온종일 수식을 써 내려가다가 문득 생각한다. 내가 쓴 수식 공책을 3,000년 후의 미래 인류가 본다면 아마 이집트 문자를 바라보는 지금의 우리와 비슷한 느낌이지 않을까. 만약 그렇다면, 중대사다. 분필을 들고 칠판에 쓰고 지울 게 아니라 정과 끌을 들고 돌에 새겨야 한다. 게다가 현대에도 내가 쓴 수식은 보고도 이해하지 못하는 사람이 과반이니 쐐기문자처럼 해독 불가능한 문자로 보일 수도 있겠다.

옛 글자들은 내게 타임머신이 되어주기에 고대 문자를 사랑한다. 문자란 모름지기 인간의 손으로 직접 쓰는 의사소통 수단이다. 그것도 그 사람이 생각하고 전하고 싶은 내용을 그대로 직접 정보로 남긴 미디어다. 그러므로 손으로 적은 문자를 보면 그 글자를 적은 사람이 손을 움직인 그 시간대로 짠 하고 순간 이동할 수 있다. 마치 타임머신과 같다.

소설을 읽는 동안에는 소설가가 쓴 글을 머릿속에서 따라가고 있는 셈이다. 결국, '읽는다'는 행위는 소설가의 머릿속을 자신의 타임라인에서 재현하는 행위이기에 타임머신을 탑승하는 것과 다름없다.

물론 타임머신은 현대에서 멀어지면 멀어질수록 그 위력이 발휘된다. 그래서 고대 이집트 문자를 어루만지면 이상할 정도의 황홀감을 선사한다. 나는 파리에 가면 반드시 밤에 루브르 미술관을 찾는다. 루브르에는 방대한 고대 이집트 미술품이 전시되어 있고, 세계 최고 수준의 이집트 문자 사료도 충실하게 갖추고 있다. 나는 '고대 이집트 문자를 읽어봅시다' 코너로 직행한다. 그 코너에는 관람객을 위해 고대 문자를 알파벳으로 번역하는 사전이 게시되어 있고, 그 사전을 참고해 직접 왕의 이름 등을 읽을 수 있다.

고대 이집트 문자는 얼핏 보면 중국의 한자처럼 표의문자로 여겨지나 실은 표음문자, 즉 그림 하나하나가 소리를 나타내는 방식이다. 사전을 암기해두면 '카르투슈(cartouche)'라고 부르는 둥근 기호로 둘러싸인 고대 이집트 왕의 이름을 스스로 읽을 수 있다. 진품 고대 이집트 비석 앞에서 중얼중얼 고대 이집트 문자를 낭독하는 즐거움. 나는 그 코너 앞에 망부석이 된 채로 몇 시간씩 천상의 행복을 만끽한다.

오래된 과학 서적을 찾아다니는 습성도 고대 문자를 사랑하는 취미와 깊은 연관이 있다. 얼마 전에 15세기 수학 서적을 고서점에서 발견하고 사들였다. 수식이 인쇄된 낡은 종이를 손가락으로 쓰다듬으며 무척 행복해했다. 당시 이 책을 쓴 사람, 그리고 이 책을 읽은 사람이 무엇을 생각했을까를 상상하기만 해도 흐뭇했다.

물론 그 수학 서적은 오래되어 값이 제법 비쌌기에 아내 몰래 비상금으로 장만하고 은밀하게 집으로 들여왔다. 충동을 참지 못하고 집에서 살짝 꺼내서 감상하려다 사달이 났다. 책상에 책을 꺼내 손가락으로 쓰다듬다가 아내에게 발각된 것이다.

"뭐야 그거?"

열심히 머리를 굴려 변명을 생각했으나 순간 말문이 막혀 이실직고했다. 고서점에서 샀다고 순순히 자백하고, 고대 서적과 문자에 대한 넘치는 애정을 세세하게 설명하며 열심히 변명을 둘러댔다. 허락 없이 고가의 물건을 사들였다고 역정을 낼 줄 알고 식은땀을 흘렸는데 아내가 뜻밖의 반응을 보였다.

"그거 알아? 안데스 문명은 마야 문명이랑 다르게 문자조차 없었다더라. 당신은 고대 문명에서 고대 문자만 좋아하는구나. 나는 말이지. 예를 들면, 멕시코의 테오티우아칸은……."

고대 이집트 문자는 얼핏 보면 중국의 한자처럼 표의문자로 여겨지나,
실은 표음문자, 즉 그림 하나하나가 소리를 나타내는 방식이다.

맙소사, 이렇게 가까이에 나보다 더 고대 문명을 사랑하는 동지가 있었다니. 인생 오래 살고 볼 일이다. 그 후 아내와 한바탕 고대 문명 담화로 이야기꽃을 피웠다. 이게 사는 낙이 아니고 무엇이랴.

···•· 물리학자의 독특한 손수건 세탁법

"손수건, 챙겼어?" 아침 출근 전 아내가 물었다. 숫제 초등학생 취급이다. 억울해도 덜렁이인 나는 반론할 수 없다. 하지만 이때만은 반론할 수 있었다.

"손수건은 바지 주머니 속에 계속 들어 있었으니까 걱정하지 마."

물론 아내는 어처구니가 없다는 표정을 지으며 나를 흘겨봤다. 주머니 속에 계속 들어 있었다는 말은 손수건이 바지 주머니 안에서 세탁과 건조를 마쳤다는 말이렷다. 이 괘씸죄를 아내가 용서할 리 없다.

"빨랫감 내놓기 전에 손수건은 바지 주머니에서 꺼냈어야지!"

아내의 호통이 날아들었다.

내겐 바지가 두 벌밖에 없다. 게다가 그 두 벌은 완전히 똑같은 청바지다. 각각의 바지 주머니에는 언제나 손수건이 들어 있다. 그리고 손수건은 어지간히 더러워지지 않는 한 빨래할 때 따로 꺼내놓지 않는다. 여기에는 나름대로 합리적인 이유가 있다.

하루에 손수건을 사용할 기회는 한정되어 있다. 학교에서 화장실에 가서 손을 씻고 난 후 물기를 닦을 때나 안경에 묻은 먼지를 닦을 때다. 각 상황이 하루에 한 번 있는 정도다. 화장실에 다녀온 후에도 손을 씻은 뒤라 손수건은 더러워지지 않고 물기가 묻어 축축해질 뿐이다. 안경에 묻는 먼지도 대수로운 양이 아니다. 다시 말해 손수건은 거의 더러워질 일이 없다. 즉 손수건을 굳이 매일 따로 세탁할 필요가 없다는 논리적인 결론을 도출할 수 있다.

따로 세탁하면 치명적인 단점이 있다. 깜빡하고 손수건을 바지 주머니에 다시 넣어두지 않기 일쑤다. 만약 손수건을 집에 놓고 오면 몹시 곤란해진다. 화장실에 다녀온 후 손을 씻고 물기를 닦을 곳이 없어 축축하게 젖은 손을 자연 건조해야 한다. 안경에 묻은 먼지를 손가락으로 훑어내면 안경알에 지문이 남고 얼룩덜룩해져서 안경알은 엄청나게 거슬린다. 그래서 손수건을 집에 놓고 오지 않도록 아예 바지 주머니 속에 넣어두고 꺼내지 않는다.

이렇게 손수건과 바지가 일체화된 상황을 보고 혹자는 어려서부터 제대로 된 생활 상식을 배우지 못했기 때문이라고 지적할 수도 있다. 그러나 나는 이 습관을 생활의 업리프트(uplift, 향상)라고 주장한다.

어차피 인생의 대부분 시간은 개인에게 최적화된 일련의 작업을 묵묵히 실행하는 데 지나지 않는다. 아침에 일어나 침대에서 발부터 내려올지, 잠옷을 어떻게 벗을지, 거실까지 어떻게 걸어갈지 등의 작업에서 시작해 밤에 침대에 들어갈 때까지 대부분의 작업은 매일 거기서 거기다.

그 작업을 할 때 매일 잊어버리지 않았는지 확인하려면 생활이 제대로 돌아가지 않는다. 그래서 개인에게 맞추는 커스터마이징 과정이 필요하다.

일상을 잊고 여행하거나 휴일에 오락을 즐기더라도 이 일상의 작업에서 벗어날 수 없다. 오른손으로 젓가락을 잡을 때 어떻게 할지, 앉을 때 의자를 어떻게 뺄지, 다른 사람이 나를 부르면 어떻게 반응할지 등 모든 작업이 각 개인을 평생 따라다닌다. 그래서 등산 같은 취미라도 일상 생활에서 아주 조금 벗어난 것에 불과하다.

손수건을 바지 주머니에 계속 넣어두는 '라이프핵(Lifehack, 생활의 기술)'은 그저 내 성격에 더 잘 맞는 라이프 스타일을 깊게 생각하지 않고 실행하기 위한 향상 방안에 지나지 않는다. 그러나 그런 습관을 기이한 눈으로 바라보는 아내의 기분도 충분히 이해할 수 있다. 나는 그런 아내를 나를 이해해주는 사람으로 여기고 항상 감사하며 살고 있다.

그러고 보니 이 집으로 이사 오고 나서 한동안 주방 개수대 위 선반 문에 머리를 찧곤 했다. 선반 안의 식기를 꺼내고 난 후에 문을 깜박하고 닫지 않아서였다. 깜빡하고 닫지 않은 문에 머리를 된통 부딪쳐 아픈 이마를 쓰다듬은 적이 한두 번이 아니었다. 몇 번이나 같은 사고가 발생하자 부부가 머리를 맞대고 대책을 세웠다. 머리를 부딪치지 않도록 일종의 경고 표시로 선반에 끈을 늘어뜨리거나 눈에 잘 띄게 작은 인형을 매달았는데 별 효과는 없었다.

어느 날, 학교에서 퇴근해 접시를 꺼내려고 그 문을 열었더니 문 안쪽에 "열었으면 어떻게 해야지?"라고 쓰인 쪽지가 붙어 있었다.

나는 쪽지를 읽자마자 반사적으로 "열었으면 닫아야지!"라고 대답하고 문을 닫았다. 그 순간 깨달았다. 아내의 전략에 걸려들었다고. 퀴즈를 내면 두 팔 걷어붙이고 답부터 말하려는 내 성질을 꿰뚫어본 아내의 아이디어였다. 그 뒤로 나는 절대 그 문에 머리를 찧지 않게 되었다.

일일이 생각하지 않아도 안전하게 생활하는 것. 이것이야말로 그런 생활 위에 성립하는 다양하고 새로운 경험과 창조성의 발휘라는 기쁨의 기반이 된다. 그러므로 나는 생활의 커스터마이징에 힘쓴다.

오늘의 바지는 오른쪽 주머니와 왼쪽 주머니 양쪽에 손수건이 각각 들어 있다. 굉장하지 않은가.

··• · 귤이 썩지 않도록 보관하는 구조 만들기

서점을 어슬렁어슬렁 활보하던 중이었다. 같은 시리즈 책이 잔뜩 진열된 코너에서 책이 어떤 순서로 꽂혀 있는지 신경 쓰였다. 자세히 살펴보니 책 뒤표지 제일 아래에 번호가 인쇄되어 있었다. 시리즈 일련번호로 추정되었다. 서가 끝에서 순서대로 뒤표지를 살펴보니 그 번호가 빠른 순서대로 꽂아두었음을 알 수 있었다.

일단 확인하기 시작하자 번호가 자꾸 눈에 밟혀 그냥 지나칠 수 없었다. 그래서 서가 왼쪽 위에서부터 순서대로 뒤표지 번호를 조사하기 시작했다. 그러자 군데군데 잘못 꽂힌 책들이 눈에 들어왔다. 나는 그 순서를 하나하나 바로잡기 시작했다. 10분가량 걸려 보기 좋게 바로잡는 데 성공했다. 책 정리에 정신이 팔린 사이에 서가 담당 직원이 수상한 짓을 벌이는 내 뒤에 와서 서 있었다.

나는 정리정돈을 좋아하는 편이 아니다. 대학 연구실 책상 위에도 잡다한 서류 뭉치가 정신 사납게 흐트러져 있다. 게다가 어중간하다. 굳이 따지자면 '혼돈과 깔끔'의 중간 정도다. 물리학자는 극단적인 사람이 많다. 진도 3 정도의 지진이 오면 작은 동산을 이룬 서류 더미가 무너질 정도로 서류를 산더미처럼 쌓아 놓은 선배 연구자도 있다. 반대로 연구실 안에 책상과 의자밖에 없는, 쓸데없는 물건은 절대 두지 않는 살풍경한 공간에서 연구하는 수학자도 있다. 나는 그 두 부류 중 어디에도 속하지 않기에 어중간하다.

그런데 나란 사람은 아무짝에도 도움이 되지 않는 부류의 일을 진지하게 정리정돈하는 희한한 습성이 있다. 지난주에 우리 집으로 귤 5킬로그램이 택배로 배달되어 왔다. 택배 상자에서 귤을 꺼내 책상 위에 마구잡이로 쌓아놓았기에 그 귤을 가지런하게 정돈하기 시작했다. 같은 크기의 구를 쌓는 과정은 무척 즐겁다. 입방격자(cubic lattice) 모양으로 쌓을까, 아니면 육방 밀집 구조(hexagonal close-packed structure)로 쌓을까. 육방 밀집 구조에 관한 요하네스 케플러의 추측(동그란 구형 물체를 쌓을 때 육방 밀집 구조로 쌓으면 가장 공간 효율적으로 쌓을 수 있다는 추측—옮긴이)은 타당할까? 무념무상으로 귤을 쌓는다. 물론 쌓고 나서 얼마 지나지 않아 아이들이 무너뜨렸는데, 무너진 귤 구조물을 다시 쌓는 과정도 즐겁다.

"귤이 썩지 않도록 보존하는 구조를 만드는 중이야."

"보기 좋은 떡이 먹기도 좋다잖아. 먹음직스러워 보이게 만들어놓으려고."

hcp

육방 밀집 구조

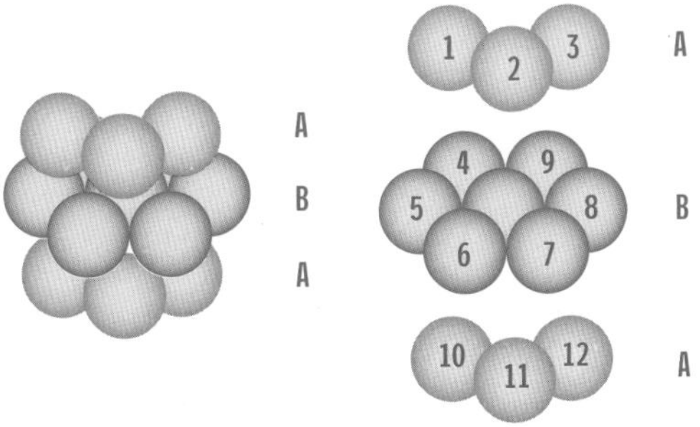

ccp

입방 밀집 구조

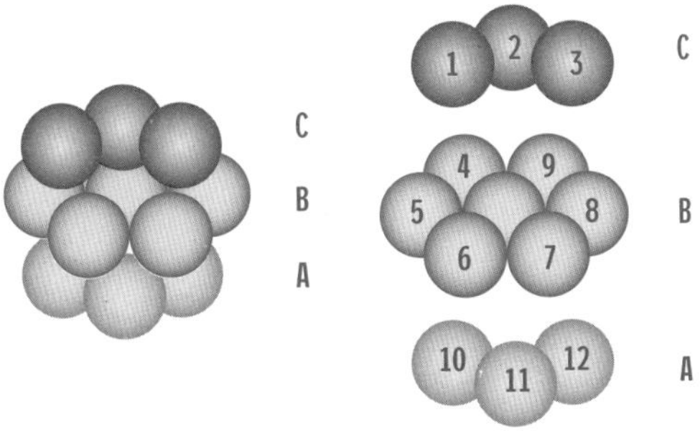

나중에 이런저런 이유를 덧붙일 수도 있지만, 자신에게 하는 거짓말이다. 순수하게 즐기기 위한 정리정돈이다.

어린 시절 붓글씨를 배운 적이 있다. 초등학교 시절 공책에 글씨를 쓸 때도 붓글씨를 쓸 때처럼 명조체 글씨체를 흉내 내서, 마치 교과서 같은 공책을 만들었다. 물론 한쪽 분량만 써도 질려서 나머지는 원래의 괴발개발 글씨체로 돌아갔다. 요컨대 정리정돈을 시작하면 특정 부분만은 공들여서 나름의 미학을 발휘하지 않으면 직성이 풀리지 않았다.

한 글자 한 글자 정성 들여 쓴 글씨는 마치 인쇄한 글씨처럼 아름다워도 문장의 내용에 알맹이가 없다. 글씨체가 교과서와 같은 서체나 명조체라면 만족하고 그 내용이나 아름답게 쓰는 의의 따위에는 딱히 집착하지 않았다. 내겐 초등학생 시절부터 순수하게 즐기기 위해 이런저런 일에 나름의 미학을 발휘하는 버릇이 있었다.

이처럼 특정한 일부만을 비정상적인 수준까지 아름답게 만들어야 직성이 풀리는 습성은 물리학자라는 직업을 가진 지금도 과학 연구 작업에까지 이어지고 있다. 물리학 이론에는 그 이론을 적용할 수 있는 한계가 있다. 던져진 공의 궤도를 결정하는 운동 방정식은 그 공이 땅에 닿을 때까지를 설명한다. 땅에 일단 닿으면 소용없다. 즉 적용할 수 있는 상황 안에서는 완벽할 때까지 논리적으로 아름다운 이론을 구성한다. 그러나 그 상황을 벗어나면 아름답게 성립하는 상황을 기대하지 않는다.

물리학은 '실험'과 '이론'이라는 두 개의 연구 바퀴로 연구가 나아가는 학문이다. 이론 측에서는 지금까지 알려진 이론을 바탕으로 그 적용 범위를 아주 조금 벗어난 바깥까지를 멋지게 구축하려고 시도한다. 그 이론이 얼마나 멋진지는 이론을 평가할 때 중요한 평가 항목이다. '멋짐'은 정리정돈이 완료되었다는 의미다. 이론에는 수많은 자유도(自由度)가 존재하기에 그 이론들이 질서정연하게, 적은 자유도만으로 작성되었을 때 멋지다.

"여기 정리해둔 귤, 먹어도 돼?"

사색에 잠겨 있는 내게 아내가 묻는다. 뭐, 굳이 정리해둔 귤을 먹어야겠어? 그러다 생각을 고쳐먹었다. 마음 가는 대로 정리정돈에 푹 빠져 본말이 전도되었다. 귤의 본래 목적은 먹기 위함이다. 정리정돈이 아니다.

"응, 먹어."

아내에게 대답하며 나도 귤을 먹기 시작했다.

일단 정리정돈을 시작하면 거기에 들인 노력이 아까워서 손을 타는 게 싫어진다. 불필요한 물건이라도 정리정돈을 하고 나면 버릴 수 없다. 아름답게 정리된 '전집 세트'는 읽지 않더라도 일단 가지고 있자는 욕구가 생긴다.

쓸데없는 욕구가 솟아날 때는 물리학의 역사를 떠올린다. 물리학에서 혁신이 발생한 순간은 기존에 있었던 이론을 특수한 상황에서만 적용되는 근사로 남기면서도 그 밑바탕에 숨은 정리정돈의 원리가 발견되었을 때다. 아인슈타인의 특수 상대성 이론도 하이젠베르크와 슈뢰딩거의 양자역학도 그랬다. 모두 20세기 물리학의 금자탑이다. 물리학은 일단 정리한 개념을 다시 아름답게 무너뜨린다.

물리학의 역사를 반추하며 귤껍질을 천천히 깠다.

··•· '꽃은 왜 아름다울까?'라는 질문에 대한 물리학자의 답변

아침 산책은 상쾌하다. 산책길 부근에는 온갖 꽃들이 피어 있다. 노란 꽃과 분홍 꽃. 아름답다고 감탄하며 바라보다 문득 생각했다. 왜 나는 꽃을 아름답다고 생각할까.

그런 소박한 궁금증이 머리를 스치고 지나간 순간, 멍하니 걷던 기분 좋은 산책길이 색다른 논리연역 산책길로 변한다. 고대하던 과학 시간이다. 왜 나는 꽃을 아름답다고 생각할까? 그 이유가 궁금해서 좀이 쑤셨다.

꽃에는 다양한 색깔이 있다. 아하, 꽃이 눈에 띄는 건 잎이 전부 수수한 초록색이어서가 아닐까. 제법 그럴듯한 가설이다.

"꽃이 엄청 예쁜 건 잎이 못생겨서가 아닐까?"

같이 산책하던 아내에게 말을 걸었다.

"무슨 자다 봉창 두드리는 소리야? 잎이 왜 못생겼어? 예쁘기만 한데?"

그러고 보니 나는 푸릇푸릇한 잎사귀도 좋아한다. 하지만 현재의 문제는 취향이 아니라 왜 꽃을 아름답다고 느끼는지에 대한 답을 찾는 것이다. 나는 아내의 의견을 무시하고 '잎의 색은 너무 단조롭다'는 가설을 계속 파고들기로 했다.

즉 꽃이 왜 아름다운가, 라는 문제의 답은 잎이 전부 초록색으로 지나치게 단조롭기 때문이라고 자기합리화할 수 있으나, 그러면 다음과 같은 문제가 발생한다. 왜 모든 잎이 초록색일까?

답은 물론 중학교 과학 수업 시간에 배웠듯, 식물은 광합성으로 에너지를 만드는데 광합성을 하는 엽록체가 잎 속에 있기 때문이다.

여기서는 빛의 반사 성질에 주의해야 한다. 어떤 물질이 초록색으로 보일 때 실제로 그 물질은 다른 색의 빛을 흡수하고 있는 상태다. 이 부분도 마찬가지로 중학교 과학 시간에 배우는데, 태양 빛은 붉은색과 푸른색, 초록색 등 다양한 색의 빛이 겹쳐져 있고, 전부 하얗게 보인다. 그 빛이 잎에 닿았을 때 붉은색이나 푸른색이 잎에 흡수되고 초록색만 흡수되지 않는다. 그래서 초록색 빛만 반사되어 잎은 초록색으로 보인다. 엽록체는 오로지 붉은색과 푸른색처럼 초록색이 아닌 색의 빛을 흡수해서 광합성을 한다.

그렇다면 왜 식물은 초록색 빛을 흡수하지 않을까? 광합성 작용에는 아무 색이나 흡수하는 게 효율적이지 않을까? 그런데 왜 초록색만 특별하게 흡수하지 않는 방향으로 진화했을까?

이 문제만 풀면 꽃이 왜 아름다운지를 고찰하는 데 하나의 해답을 찾아낼 수 있을 텐데……. 머리를 싸매고 산책을 계속했다. 무자비하게 눈길이 닿는 곳마다 아름다운 녹음이 쏟아져 들어왔다. 분하다. 명색이 과학자인데, 이렇게 매일 헛발질만 해대는 얼치기 연구자라니.

왜 식물은 초록색 빛을 흡수하지 않을까?

광합성 작용에는 아무 색이나 흡수하는 게 효율적이지 않을까?

그런데 왜 초록색만 특별하게 흡수하지 않는 방향으로 진화했을까?

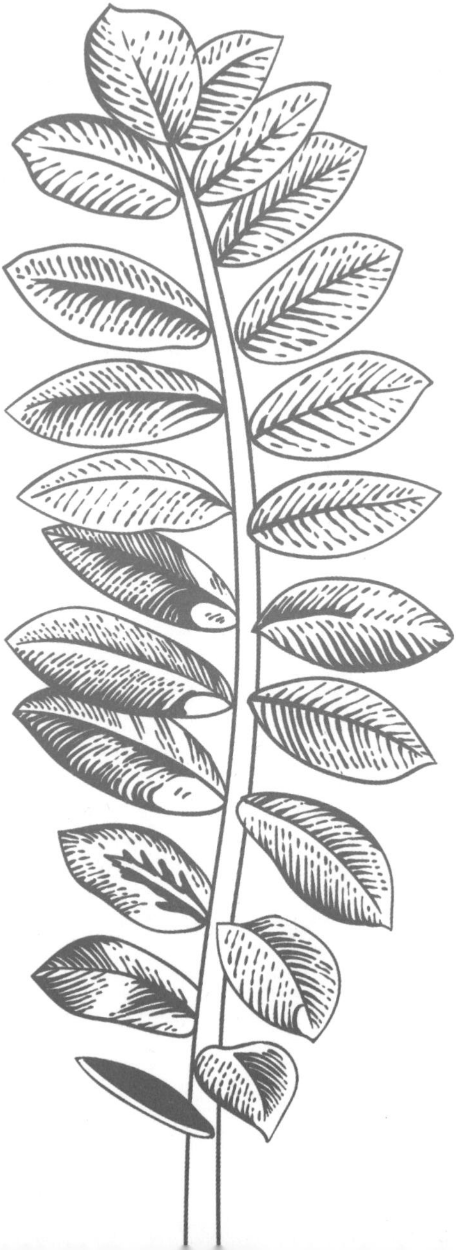

음, 생물의 진화적 이유가 있지 않을까? 어쩌다 보니 초록색이 선택되었고, 우연의 산물이라 도저히 설명할 길이 없는 것이다. 진화는 생물학이고, 나는 물리학자다. 모르는 게 당연하다. 암, 그렇고말고.

이런 식으로 답을 찾지 못한 이유를 부지런히 궁리하기 시작했다. 그래도 실은 즐겁다. 미지의 세계가 가장 가슴 두근거리는 즐거움을 선사하는 법이기 때문이다.

유력한 답을 찾지 못하고 걸음을 재촉해 집으로 직행했다. 그래, 집에 가서 인터넷을 뒤져보자. 인터넷 세상에서 앞서 이뤄진 연구 논문을 검색하면 선배 과학자들의 지혜를 누구나 빌려 쓸 수 있다. 부랴부랴 컴퓨터를 켜고 검색창을 열었다. 검색어를 입력하자 일본 국내 대학의 연구 성과를 언론에 배포한 자료가 몇 건 나왔다.

검색 결과를 확인하고 영혼이 탈탈 털릴 정도로 충격을 받았다. 답은 내 전공인 물리학으로 귀결되었기 때문이다. 그 생물학 연구에서는 식물이 초록색 빛을 흡수하지 않는 이유는 태양에서 다양한 색의 빛 중 초록색 빛이 너무 강하기 때문이라는 가설을 주장했다. 요컨대 빛을 너무 많이 흡수하면 식물의 생장을 저해할 수 있어 자극이 가장 강한 초록색 빛은 최대한 흡수하지 않는 구조로 진화했다는 논리다.

이 가설을 받아들인다면 원인은 태양 빛의 구조에 있다. 태양 빛은 '흑체복사(Blackbody radiation)'라는 물리 현상을 통해 방출된다. 흑체복사 광선의 색깔 분포는 온도만으로 결정된다. 태양의 표면 온도는 약 6,000도라고 배운 기억이 있다. 손에 있는 메모지에 계산해본다. 흑체복사 수식에 표면 온도를 대입하고 가장 강한 빛의 파장을 계산하면 약 500나노미터. 오, 이건 초록색을 나타내는 파장이 아닌가!

나는 베란다에서 멍하니 집 주위 나무들을 바라보았다. 그랬구나! 꽃이 아름다운 건 태양 덕분이었구나. 다른 항성계에 태어났더라면 생물의 색도 완전히 달라졌겠지. 흑체복사 공식의 발견으로 양자의 세계를 도출한 독일의 물리학자 막스 플랑크로까지 사고의 영역을 확장하며 나는 나무들의 아름다운 녹음에 마음을 빼앗겼다.

· • · "마지막 강의는 살아서 치르는 장례식이다"

'마지막 강의'라는 수업이 있다. 대학에서 정년 퇴임하는 교수가 마지막에 하는 특별한 강의를 말한다. 일본에서는 대개 매년 연말이 되면 전국 대학에서 연례행사처럼 일제히 마지막 강의가 개최된다. 은사의 마지막 강의는 가르침을 받은 학생에게는 더욱 특별한 무게로 다가오는 법이다.

정년 퇴임을 맞이하는 교수에 따라 마지막 강의 내용은 상당히 다르다. 2020년 봄에 퇴직하신 K교수님은 마지막 강의에서 "실험실 연구원은 인생을 마지막 강의에서 이야기하고, 이론실 연구원은 필생의 공력을 담은 물리 이론을 마지막 강의에서 이야기한다"고 단언하며, 실험실 출신인 본인의 인생을 말씀하셨다. 그 후 어느 이론물리학 교수님은 자신의 마지막 강의에서 K교수님의 말씀처럼 인생을 쏟아부은 물리학 수식 보따리를 잔뜩 풀어놓으셨다.

한편 퇴직하신 T교수님은 "마지막 강의는 살아서 치르는 장례식이다"라고 말씀하셨다. 요컨대 사회생활의 종언을 선언한다는 의미이지 않을까. 살아 있는 동안에 신세 진 사람들에게 감사 인사를 전하는 기회라는 의미이기도 하다.

나도 언젠가 마지막 강의를 하는 날이 올지 모른다. 그날을 상상하자 마음이 몹시 언짢아졌다. 마지막 강의에서 자주 나오는 질문이 떠올랐기 때문이다.

"교수님에게 연구란 무엇이었는지 말씀해주실 수 있을까요?"

이 질문에 당황하는 교수도 많고, 미리 답변을 준비해두는 교수도 있다. 나는 이 질문이 과거형인 것이 마뜩잖다. 교수직에서 퇴직한다는 건 연구도 끝난다는 뜻으로 여겨져 이 부분을 받아들일 수 없다. 못마땅하다.

얼마 전에 인터뷰에서 돌발 질문을 받았다.

"교수님에게 연구란?"

"취미입니다."

나는 이렇게 대답했다.

사실, 내게 연구는 취미다. 즐겁고 신이 나서 멈출 수가 없는 일이다. 시간 가는 줄 모른다. 그래서 특정한 나이가 되면 끝내야 하는 일이라고 생각하지 않는다. 그래서 내가 마지막 강의에 거부감을 느끼는지도 모른다.

일반적으로 사회에서 널리 받아들여지는 '연구자상(像)이 있다. 그것은 연구란 오랜 세월을 고생스럽게 견디는 일로 그 시간을 견딘 사람만이 연구 성과라는 영광을 손에 넣는다는 '연구자상'이다. 분명 어느 정도는 연구에서 길고 고통스러운 시간도 있지만, 실제로 연구 그 자체가 고통스럽지는 않다. 연구가 즐겁기에 힘들어도 시간 가는 줄 모르고 몰두할 수 있다.

일정 정도의 고통 후에 모종의 발견이 있고, '어쩌면 이걸 아는 사람은 이 세상에 나 혼자가 아닐까'라는 '은밀한 기쁨'을 맛볼 수 있다. 이것이 연구가 마약 중독처럼 고질병이 되는 이유다. 이 사이클을 몇십 회씩 경험하면 고생을 고생이라 여기지 않게 되고, 아주 긴 안목으로 연구의 고통과 발견 양쪽을 즐기는 자아가 형성되어간다. 이것이 연구가 취미가 되는 경지다.

어디까지나 내 예상인데 연구가 취미라고 생각하는 연구자는 나 말고도 많지 않을까. '취미'라고 부르면 국비를 사용하는 연구의 정당성이 사라지기에 불편하게 느낄 수도 있지만, 수수께끼를 풀어가는 즐거움이 연구를 '드라이브한다'는 의미에서 '취미'가 연구로서의 꼴을 갖추어 나간다고 나는 믿는다.

물론 이렇게 연구를 취미로 즐기는 사람으로 성장하려면 학창시절에 '고생→발견→고생→발견→……'이라는 연구에 중독되는 사이클을 경험할 수 있도록 이끌어주는 선생님이 필요하다. 바로 교수의 역할이다. 그리고 그 사이클에 마피아 조직과 유사한 인적 조직도 포함되어야 한다. 바로 물리학회다.

나도 예외는 아닌지라 대학원에 진학하자마자 내가 말한 사이클을 체험하는 코스로 곧장 던져넣어졌다. 은사이신 H교수님께 어느 물리학 문제에 관해 여쭈어보았을 때였다.

"하시모토 군, 제법이네. 재미있어. 자네가 직접 풀어보지 그러나?"

몇 주에 걸쳐 몇 가지 계산을 마치고 나서 결과는 내가 예상한 대로였다. 나는 목에 힘을 잔뜩 주고 보무도 당당하게 H교수님께 보고하러 갔다. 그러자 교수님이 말씀하셨다.

"참 잘했네. 그렇다면 자네 이 문제도 한번 계산해보지 않겠나?"

비슷한 과정이 몇 번이나 반복되며 마약과 같은 효과가 발생했다. 어느새 스스로 문제를 설정하고 직접 푸는 완전히 자립한 마약 상습자가 되어버렸다. 세상에서는 그런 사람들을 연구자라 부른다.

마약에서 손을 씻기는 정말로 어렵다. 그래서 나는 마지막 강의에서 '과거형 질문'을 이해할 수 없다. 연구는 한평생 과거형이 될 수 없기 때문이다.

그렇다. 마지막 강의는 퇴직하는 본인이 즐기는 자리가 아니다. 듣는 사람들이 즐기는 시간이다. 마피아 보스인 교수님, 즉 자신을 이 악마의 사이클에 끌어들인 교수가 어떻게 이 마약의 수렁에서 발을 빼는지, 그 이야기를 즐겁게 듣는 시간이다.

그렇게 생각하면 내 마지막 강의도 즐겁게 고대할 수 있다. 악마의 사이클에서 벗어나지 못하고 몸부림치는 예순다섯 살의 아저씨를 실컷 보여주겠다. 너희들, 똑똑히 봐두어라. 이 '연구'라는 마약에서 빠져나올 도리가 없다는 것을.

문진표 --

이름	년	월	일

이 책을 복용하기 전에 나타난 증상을 알려주십시오.

1. 이과 계열 용어를 들었을 때, 뜨악한 기분이 들었습니까?

   네 ☐ 아니오 ☐

2. 수식을 보고 눈을 돌렸습니까?

   네 ☐ 아니오 ☐

3. 기묘한 현상에 무관심했습니까?

   네 ☐ 아니오 ☐

- 그 증상을 겪은 시기는 언제쯤인가요?

  _______ 년 전

- 가족 중에 비슷한 증상을 가진 분이 있나요?

  네 ☐ 아니오 ☐

- 지금까지 이과 관련 능력을 단련하는 수술을 경험한 적이 있습니까?

  네 □ 아니오 □

- '네'라고 대답한 경우 ▷ 그 수술은 어떤 책이었습니까?
- 어린이 여러분께 ▷ 흔히 말하는 수·포·자(수학을 포기한 자)인가요?

이 책 복용 후, 증상이 개선되었는지 확인할 때

다음과 같은 자가 진단 문진표를 활용하십시오.

- '무한'이라는 단어를 남발하는 습관에 제동을 걸고 싶습니까? 네 □ 아니오 □
- 만두를 빚을 때는 만두피가 남지 않도록 계산하고 있습니까? 네 □ 아니오 □
- '경로 적분' 등의 용어를 멋지다고 느끼게 되었습니까? 네 □ 아니오 □
- 나도 이과 용어를 써보고 싶다는 생각이 들었습니까? 네 □ 아니오 □
- 거리를 걷다 숫자가 눈에 들어오면 나도 모르게 멈춰 서는 증상이 생겼습니까?

  네 □ 아니오 □

- 마트에 들어가기 전에 순서를 검토합니까? 네 □ 아니오 □
- 인간의 신체 사이즈에 대해 근사값을 구해봅니까? 네 □ 아니오 □
- 만보계를 손에 들고 휘둘러봅니까? 네 □ 아니오 □
- 하염없이 마늘 껍질을 벗겨본 적이 있습니까? 네 □ 아니오 □
- 과학은 아름답다고 생각합니까? 네 □ 아니오 □

* 이상의 10가지 질문 중 한 가지라도 '네'라고 대답했다면 증상은 극적으로 개선되었습니다.

앞으로 물리학의 재미에 푹 빠지기를 희망하는 분들을 위해 참고도서 목록을 준비했다. 이 책들이 물리학의 세계를 거니는 좋은 친구가 될 수 있기를.

① 소립자 물리학을 더 알고 싶은 분들을 위해

『중력이란 무엇인가? - 아인슈타인부터 초끈이론으로, 우주의 수수께끼를 파헤치다』 (重力とは何か　アインシュタインから超弦理論へ、宇宙の謎に迫る, 大栗博司, 幻冬舎, 2012)

『쿼크 제2판 : 소립자 물리학은 어디까지 나아갔는가?』 (クォーク第2版: 素粒子物理はどこまで進んできたか, 南部陽一郎, 講談社, 1998)

『우주는 무엇으로 이루어져 있는가?』 (宇宙は何でできているのか, 村山斉, 幻冬舎, 2010)

② 물리학자가 이야기하는 물리학과 수식의 세계를 알고 싶은 분에게

『수학의 언어로 세상을 보면 - 아버지가 딸에게 선물하는 수학』 (数学の言葉で世界を見たら 父から娘に贈る数学, 大栗博司, 幻冬舎, 2015)

『초끈이론을 아빠에게 배워보았다』(超ひも理論をパパに習ってみた, 橋本幸士, 講談社, 2015)

『'우주의 모든 것을 지배하는 수식'을 아빠에게 배워보았다』(「宇宙のすべてを支配する数式」をパパに習ってみた, 橋本幸士, 講談社, 2018)

『조지 가모브 물리열차를 타다』 조지 가보브, 승영오 옮김, 승산(2001)

③ 물리학자가 본 세상을 알고 싶은 분에게

『유카와 히데키 - 시와 과학』(湯川秀樹 詩と科学, 湯川秀樹, 平凡社, 2017)

『양자역학과 나』(量子力学と私, 朝永振一郎, 岩波書店, 1997)

『데라다 도라히코 수필집 1~5』(寺田寅彦随筆集 1~5, 寺田寅彦, 岩波書店, 1963)

『부분과 전체』 베르너 하이젠베르크, 유영미 옮김, 서커스(2020)

『파인만 씨, 농담도 잘하시네!』 리처드 파인만, 김희봉 옮김, 사이언스북스(2000)

이토록 즐거운 물리학자의 세계

2010년 처음으로 내 연구실을 갖게 되었을 무렵부터 이렇게나 즐거운 물리학자의 세계를 세상에 더 알리고 싶다는 소망을 품고 있었다. 매일 동료 물리학자들과 나누는 대화는 웃음과 논리로 가득했다. 얼마나 상대방을 압도하는 논리와 새로운 관점을 펼치는지를 두고 겨루는 다툼은 실패를 서로 인정하는 과학 커뮤니티 환경 속에서 한껏 숙성된다. 그것이 내 주위의 '물리학자 월드'다.

물리학뿐 아니라 물리학자를 세상에 알리고 싶은 꿈을 이루려면 나라는 물리학자를 먼저 세상에 선보일 필요가 있었다. 다행히 2016년 1월부터 월간《소설 스바루》(小說すばる)에 두 쪽 분량의 짧은 수필 「이차원의 시점」(異次元の視点)을 연재하며 나라는 사람을 세상에 내보일 기회를 얻게 되었다. 그 수필 중에서 비장의 물리학자의 사고법을 펼쳐낸 글들을 뽑아내 이 책이 만들어졌다.

'지역 특산물이 개그맨'이라는 우스갯소리가 나올 정도로 걸출한 희극인을 다수 배출한 희극인의 고장 간사이 지방에서 자란 덕분인지, 실패담에서 비롯된 수필에도 자학 개그가 많이 섞여 있다. 이 책에 소개된 실패나 실수는 대개 세간의 상식과 물리학적 사고의 괴리에서 비롯된 사건, 사고다.

물리학적 사고가 철저하게 몸에 밴 나를 상식의 세계로 데려오는 역할을 하는 사람은 책에서도 이따금 등장하는 아내다. 아내 없는 나는 이론 세계의 끝까지 가서 폭주하다 세상에서 격리된 골방 은둔 학자가 될 팔자다. 매일 적절한 타이밍에 나를 세상으로 끌어내주는 아내에게 이 자리를 빌려 진심으로 감사 인사를 전하고 싶다.

물리학적 사고법을 기를 수 있도록 도와준 사람들은 내 주위의 물리학자 지인과 선배들이다. 책에서는 '기인과 별종'이라고 소개해 정말로 죄송하다. 같은 물리학자라면 사랑이 듬뿍 담긴 나의 애정표현이라는 것을 이해해주리라 믿는다. "이 책을 읽는 물리학자 여러분, 앞으로도 저와 이과의 언어로 활발히 소통하기를 부탁드립니다."

내가 과학의 세계에 입문할 수 있도록 허락해주신 부모님, 그리고 물리학 모드에서 두서없이 써내려간 내 원고를 읽고 다듬어주시고 격려해주신《소설 스바루》의 사나다 나오코(眞田尚子), 다나카 이오리(田中伊織) 편집자 님 감사합니다.

마지막으로 이 책에 소개한 아주 개인적인 물리학자 월드를 통해 과학에 관심이 생겨 그 입구로 한 발짝 발을 내디딘 독자 여러분께 머리 숙여 인사를 올린다. 꼭 물리학적 사고법을 응용해보시기를!

여러분의 마음에 과학을!

2020년 12월 길일에 오사카에서 하시모토 고지

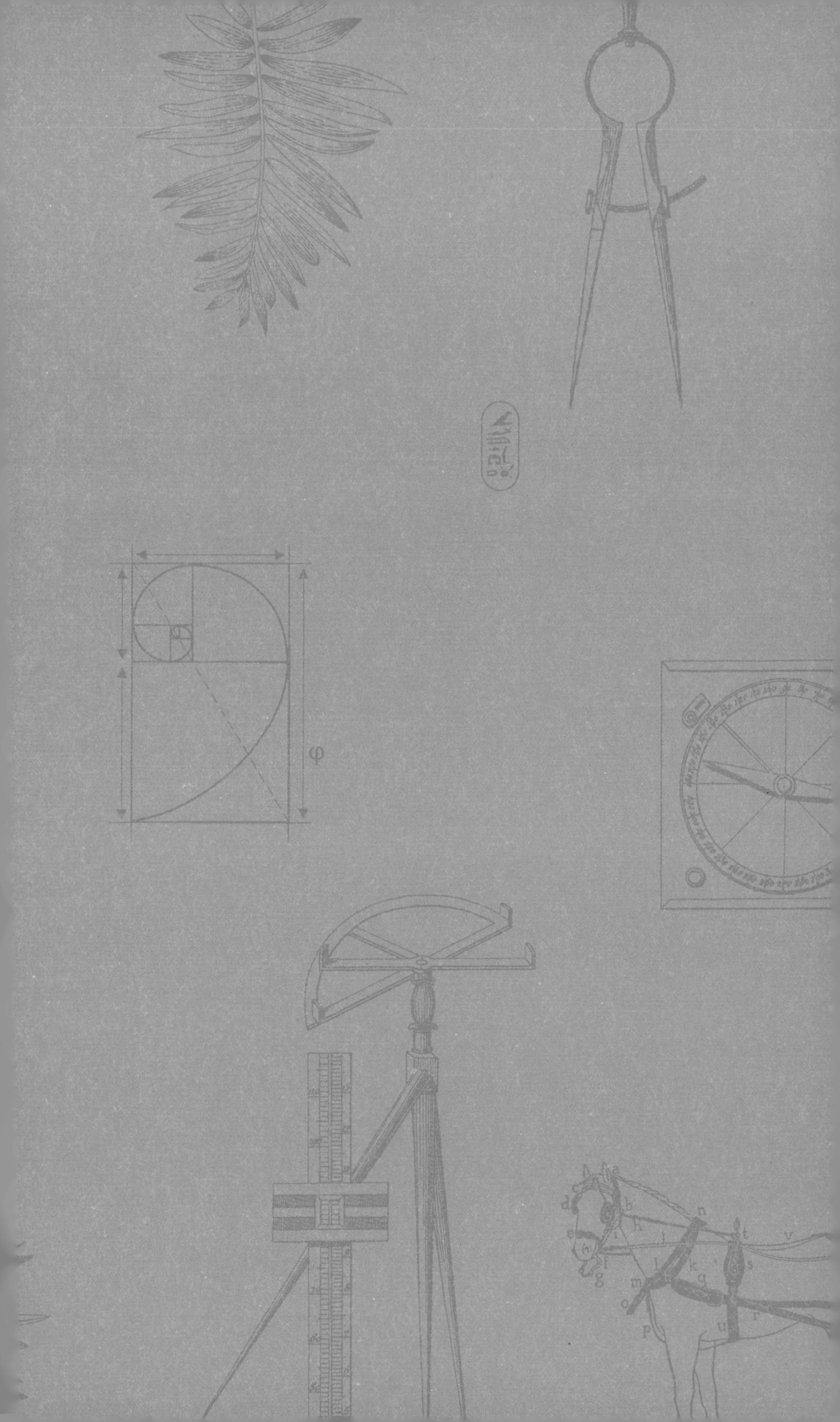
φ

A
a
b
B
O
Q
P
w
y
x
z